清洁能源电力实习指导书

赵尧麟 范宇 刘彬/主编

电子科技大学出版社
University of Electronic Science and Technology of China Press

·成都·

图书在版编目(CIP)数据

清洁能源电力实习指导书 / 赵尧麟，范宇，刘彬主编. -- 成都 : 成都电子科大出版社，2024. 10.
ISBN 978-7-5770-1218-6

Ⅰ．X382

中国国家版本馆 CIP 数据核字第 2024MZ7507 号

清洁能源电力实习指导书
QINGJIE NENGYUAN DIANLI SHIXI ZHIDAOSHU

赵尧麟　范　宇　刘　彬　主编

策划编辑	罗国良
责任编辑	罗国良
责任校对	彭　敏
责任印制	段晓静

出版发行	电子科技大学出版社
	成都市一环路东一段159号电子信息产业大厦九楼　邮编 610051
主　页	www.uestcp.com.cn
服务电话	028-83203399
邮购电话	028-83201495
印　刷	成都市火炬印务有限公司
成品尺寸	185 mm×260 mm
印　张	15.25
字　数	343千字
版　次	2024年10月第1版
印　次	2024年10月第1次印刷
书　号	ISBN 978-7-5770-1218-6
定　价	48.00元

版权所有，侵权必究

《清洁能源电力实习指导书》编委会

主　审：杜成锐　　王莉丽　　李旭旭

主　编：赵尧麟　　范　宇　　刘　彬

副主编：刘文章　　宋　科

参　编：郑国鑫　　孙睿哲　　廖宗毅　　蒋吴浩　　骆大宇

　　　　陶　飞　　杨　颖

前 言

随着全球气候变化问题的日益严峻，党的十八大以来，以习近平同志为核心的党中央提出了一系列关于"碳达峰碳中和"的新思想新战略。国家"十四五"规划中提出加快构建新型能源体系和推动能源生产消费方式绿色转型的战略目标。习近平总书记在中共中央政治局第十一次集体学习时指出："绿色发展是高质量发展的底色，新质生产力本身就是绿色生产力。必须加快发展方式绿色转型，助力碳达峰碳中和。"大力发展新能源、实现清洁能源高效利用是实现"双碳"目标的重要途径，也是加速推进能源新质生产力，助推绿色能源转型的关键道路。

新能源产业作为新兴产业，随着其产业规模的不断扩大、技术创新的加速推进，与其相关的就业岗位日益增多，国家对新能源专业人才的需求量急剧增加。教育部《加强碳达峰碳中和高等教育人才培养体系建设工作方案》（教高函〔2022〕3号）重点任务中指出，要促进传统专业转型升级，进一步加强风电、光伏、水电和核电等领域的人才培养。

为贯彻落实党和国家关于职业教育改革的部署，以及国家电网有限公司职业院校改革发展精神，深入推进"三教"改革，推行"岗课赛证"综合育人模式，促进职业教育高质量发展，针对新能源产业及相关企业生产技能要求，结合以新能源为主体的新型电力系统相关知识，以及职业院校的专业特点，我们组织编写了本书。本书旨在帮助学生在进行电力生产实习实训过程中，以任务为驱动，依托职业院校生产实习现场设施设备和校企合作平台，提升学生的专业知识、实践技能、职业素养，为电力行业的发展提供人力资源保障。

本书按照任务型驱动的行动式教学教材开发的总体要求进行设计和编写，共分为六个模块：模块一为新能源发电及储能技术探索，模块二为实训现场安全认知，模块三、四、五介绍了水力发电的运行与维护、风力发电机组的运行与维护、光伏发电技术及相关实训，模块六为微电网技术认知。

本书是2022—2024年职业教育人才培养和教育教学改革研究项目"融合'双碳'目标的'绿色'电力人才培养模式探索与实践"（四川省级教改项目GZJG 2022-774）的成果，由四川电力职业技术学院发电厂及电力系统专业带头人赵尧麟牵头组织编写。赵尧麟、范宇、刘彬担任主编，赵尧麟编写了模块一、模块四、模块二任务三，刘彬编写了模块二任务一，范宇编写了模块二任务二；刘文章、宋科担任副主编，他们和郑国鑫一起编写了模块三；孙睿哲、杨颖编写了模块五，廖宗毅编写了模块六；蒋吴浩参与了模块二的编写，骆大宇、陶飞参与了模块四的编写；主编和副主编均参与了全书的统稿和校稿工作。本书由国网四川省电力公司电力调度控制中心杜成锐、王莉丽，设备管理部李旭旭担任主审。本书在模块一编写过程中得到了四川电力职业技术学院学生会的协助，在模块四编写过程中得到了德昌风电开发有限公司陶飞的支持和帮助，在此一并表示衷心感谢。

由于编者水平有限，本书难免存在不足，恳请各位专家和读者批评指正，使之不断完善。

目　录

模块一　新能源发电及储能技术探索 ·· 1

　　任务一　新能源发电技术探索 ··· 1
　　任务二　储能技术探索 ··· 36

模块二　实训现场安全认知 ·· 50

　　任务一　实训现场认知 ··· 50
　　任务二　进入实训现场的准备工作 ·· 56
　　任务三　紧急救护 ··· 87

模块三　水力发电的运行与维护 ·· 98

　　任务一　水力发电厂认知学习 ··· 98
　　任务二　水电站巡回检查 ··· 138

模块四　风力发电机组的运行与维护 ··· 159

　　任务一　风力发电机组设备认知和组装 ··· 159
　　任务二　风力发电系统的运行控制 ·· 176

模块五　光伏发电技术及相关实训 ·· 193

　　任务一　太阳能光伏发电系统概述 ·· 193
　　任务二　光伏电池板转换效率测试 ·· 199

模块六　微电网技术认知 ···209

任务一　微电网分类与基础架构认知 ·······································209
任务二　微电网控制方式认知 ··222

模块一　新能源发电及储能技术探索

任务一　新能源发电技术探索

一、学习情境

随着全球范围内煤炭、石油、天然气等化石能源的减少，以及碳排放对环境造成的污染问题逐渐被重视，全世界都将目光转移到了可再生、清洁能源的利用上。清洁能源以其低碳排放、无污染和可持续性等优势，在全球范围内得到了广泛的认可和推广。

水力发电是最早被广泛应用的清洁能源之一。水力发电是利用水流的动能产生电力，是解决能源问题和推动工业发展的重要手段。

世界上最早的水电站出现在1878年的法国。1882年，爱迪生在美国威斯康星州修建了亚伯尔水电站。在水力发电发展初期，水电站的容量都非常小。1889年，当时世界最大的水电站在日本建成，但装机容量只有48 kW。随后，水电站的装机容量有了较大的发展。1892年，美国奈亚格拉水电站的容量为$4.4×10^4$ kW；到1895年，尼加拉水电站的装机容量就达到了$1.47×10^5$ 万kW。进入20世纪以后，水力发电得到了飞速的发展。据统计，2023年全球水力发电机容量已经超过了1300 GW（1 GW=$1×10^6$ kW），其中，中国、巴西、加拿大、美国和俄罗斯是最大的水力发电国。全球水力发电量占全球总电量的比例在16%左右，在一些国家（如巴西、挪威、新西兰等）的电力供应中，水电的比例超过了70%。尽管水力发电具有清洁、可再生等优点，但也面临着一些挑战，例如建设水电站需要大量的初期投资，可能对环境和生态造成影响。

虽然水力发电是将水资源（如河流、湖泊）转化为电能的一种方式，具有成本低、可连续再生和无污染等优点，但它并不完全符合新能源的定义。新能源，通常又称非常规能源，不属于传统能源范畴。1981年，联合国召开的"联合国新能源和可再生能源会议"对新能源的定义为：以新技术和新材料为基础，使传统的可再生能源得到现代化的开发和利用，用取之不尽、周而复始的可再生能源取代资源有限、对环境有污染的

化石能源。所以，新能源一般是指在新技术基础上加以开发利用的可再生能源，包括太阳能、生物质能、风能、地热能、波浪能、洋流能和潮汐能，以及海洋表面与深层之间的热循环等；此外，还有氢能、沼气、酒精、甲醇等。请参考"相关阅读"资料，认识不同的新能源发电技术，并试着阐述各种新能源发电技术的基本原理和发展现状。

二、学习目标

1. 知识目标

（1）能够准确说出五种新能源发电技术及其适用场合；

（2）能够准确说出全球新能源发展主流趋势；

（3）能够准确说出我国能源发展现状。

2. 技能目标

（1）能简要分析三种以上新能源发电技术的基本原理；

（2）对我国能源发展现状的资料和国家新能源政策的资料进行分析，能阐述新能源发电技术和储能技术的联系；

（3）培养资料阅读能力和分析能力，能在海量阅读中找准关键点。

3. 思政目标

（1）培养对新能源发电技术的兴趣，建立科学的学习方法；

（2）以小组讨论的方式，培养沟通能力和语言表达能力，建立协作理念。

三、任务书

对多种新能源技术建立认知，并能阐述我国新能源相关政策。

四、任务咨询

▶ **引导问题1：** 谈谈你对风力发电的基本认识。

（1）请简述风力发电的基本原理。

_____

_____

_____

_____

_____

（2）请阐述风力发电的影响因素。

（3）请简述风力发电技术的现状。

相关阅读 1

（一）风能利用的历史

人类对风能的利用要追溯到古代。早在公元前 3000 年，古埃及人就开始使用风帆驱动船只在尼罗河上航行。我国在商代出现了帆船，最辉煌的风帆时代是在明朝。15 世纪中叶，我国的航海家郑和七下西洋，庞大的船队就是利用风力鼓动风帆作为动力的。当时我国的帆船制造技术已经领先于世界。在欧洲，风车被广泛用于磨面粉、取水和压榨油等农业和工业用途。欧洲的一些国家至今仍然保留着许多风车，风车是人类文明史的见证。在蒸汽机出现之前，风力机械是人类的主要动力来源之一。然而，真正利用风能来发电是在 19 世纪末。1887 年，美国的查尔斯·布什奈尔发明了一台风力发电机。

（二）风力发电的基本原理

风力发电的基本原理是将风的动能转化为机械能，再经由发电机转化为电能。风力发电可减少温室气体的排放，平均每提供 1×10^6 kw·h 的电量，可以减少 600 t 二氧化碳的排放量。风力发电具体步骤如下。

（1）风转动叶片：风力发电机通常由塔架、叶轮和轴三个主要部分组成。风吹过叶轮时，动能被转化为使叶轮旋转的力量。

（2）传递动力：叶轮旋转的动力通过轴传递到发电机。轴连接发电机的转子，使转子随着叶轮的旋转而旋转。

（3）发电机转化电能：发电机内部包含着许多金属线圈和永磁体。当转子旋转时，通过磁场的作用，金属线圈中的电子产生电流。这些电流通过连接在发电机中的电导体传递，从而产生电能。

（4）输送电能：发电机产生的电流经过电缆传输到变电站，再通过输电线路输送给用户。

（三）风电及新能源技术发展现状

1.我国新能源发展现状

近年来，我国新能源产业快速发展，相关国际合作加快推进。"中国绿色技术助力全球能源转型""中国在引领全球实现可持续发展目标方面发挥了重要作用""中国新能源汽车在绿色环保等方面表现突出"……国际社会持续关注中国新能源产业的发展，认为我国为全球绿色低碳转型作出重要贡献，我国已成为世界能源发展转型和应对气候变化的重要推动者。

我国新能源产业为全球减排作出积极贡献。自2020年提出"双碳"目标以来，我国坚定不移履行承诺，加速能源结构转型，推动可再生能源实现跨越式发展。国际能源署报告指出，2023年全球可再生能源新增装机容量 $5.1×10^8$ kW，我国的贡献率超过一半，为全球可再生能源发电增长作出了巨大贡献。我国风电、光伏产品已经出口到全球200多个国家和地区，帮助广大发展中国家获得清洁、可靠、用得起的能源。2022年，中国可再生能源发电量相当于减少国内二氧化碳排放约 $2.26×10^9$ t，出口的风电、光伏产品为其他国家减排二氧化碳约 $5.73×10^8$ t，合计减排超 $2.8×10^9$ t，约占全球同期可再生能源折算碳减排量的41%。世界可持续发展工商理事会会长兼首席执行官贝德凯认为，中国在推动能源低碳转型、促进可持续发展方面成就显著。

我国新能源技术为全球绿色低碳转型提供重要助力。经过多年发展，我国多项新能源技术和装备制造水平已经全球领先，建成了世界上最大的清洁电力供应体系，新能源汽车、锂电池和光伏产品为全球应对气候变化注入了新的希望。从全球首台 $1.6×10^7$ W 海上风电机组并网发电到全球首座第四代核电站正式投入商业运行，从充电一次续航1000 km 的新型电池到引入人工智能大模型的智能座舱……我国新能源产业以创新优势和过硬品质为全球能源转型贡献智慧和力量。国际可再生能源署报告指出，过去10年，全球风电和光伏发电项目平均度电成本分别累计下降超过60%和80%，其中很大一部分归功于中国创新、中国制造、中国工程。国际能源署署长法提赫·比罗尔指出，中国向其他国家提供相关服务和支持，显著提升了清洁能源技术的可及性，降低了全球使用绿色技术的成本。

我国有序推进了新能源产业链合作，构建了能源绿色低碳转型共赢新模式。中企在沙特建设的阿尔舒巴赫光伏电站项目建成后，35年内将减少二氧化碳排放$2.45×10^8$ t，相当于植树5.45亿棵；由中企和欧洲合作伙伴承建的丹麦巴莫森太阳能光伏园区投运后能为3.8万户丹麦家庭供应绿电，每年将减少$1.06×10^5$ t二氧化碳排放……中国企业海外清洁能源投资涵盖风电、光伏发电、水电等主要领域，帮助其他国家实现减碳目标，创造了新的产业与就业，促进了共同发展繁荣。2023年，我国新能源汽车出口120.3万辆，同比增长77.6%，成为引领全球汽车产业转型的重要力量。驰骋在卢旺达街头的中国制造电动公交车，为当地环保事业贡献力量；我国车企在泰国设立新能源汽车工厂，帮助泰国汽车产业提质升级。事实证明，我国新能源产业提供的是有助于落实联合国2030年可持续发展议程和气候变化《巴黎协定》目标的优质产能，各国都可以从中受益。从全球范围来看，这样的优质产能越多越好。

气候变化是全球性挑战，发展新能源产业、实现绿色低碳转型是各国的共同愿望。我国依靠技术创新、完善的产供链体系和充分的市场竞争，实现新能源产业的快速发展，并以开放的姿态广泛开展国际合作，给各国带来的是绿色发展、共赢发展的机遇。中国期待继续与各方一道，从增进全人类福祉的高度共同推动新能源产业高质量发展，为共建清洁美丽的世界作出贡献。

2. 风能资源的特点

全球的风能约为$2.74×10^9$ MW，相当于$1.08×10^{12}$ t标准煤产生的能量。

风能资源的优势主要体现在以下三点。

（1）蕴藏量大，属于可再生能源。

自然界中风能资源极其丰富。专家估计，到达地球的太阳能大约有2%转化为风能。全球的风能约为$2.74×10^9$ MW，其中可利用的风能约为$2×10^7$ MW，是地球上可开发利用的水能总量的10倍。

（2）分布较广泛，可开发潜能巨大。

一般来说，在偏远山区、海滨、居民分散的无电或少电地区风能资源分布比较丰富，可开发利用潜能巨大。

（3）清洁无污染，对生态影响较小。

清洁能源行业分析表明，风能是一种比较清洁、安全可再生的绿色资源。合理利用风能对环境无污染，对生态破坏较小，环保效益和生态效益良好。科学应用风能对于人类可持续发展具有重要意义。

风能资源的劣势主要有以下两点。

(1) 不稳定性。

风能随季节、昼夜变化而变化。气流瞬息万变，因而风的脉动、日变化、季变化以及年际变化等波动性很大，极不稳定。

(2) 密度较小。

空气流动形成风，空气的密度很小，因此风力的能流密度也很小，即风能与空气密度大小成正比，且只有水力的1/816。在各种能源中，风能的含能量是极低的，因此，要获得较大的功率，就必须把风力机的风轮做大。部分能源的能流密度值见表1-1-1所列。

表1-1-1 部分能源的能流密度值

能源类别	风能 (3 m/s)	水能 (流速3 m/s)	波浪能 (波高2 m)	潮汐能 (潮差10 m)	太阳能	
					晴天平均	昼夜平均
能流密度(kW/㎡)	0.02	20	30	100	1	0.16

(3) 地区差异大。

风能受地形地貌的影响较大，即使在同一个区域，有利地形处的风力往往是不利地形处的几倍乃至更多。

(4) 风电成本较高。

风电与水电相比，单位装机容量（kW）和单位发电量（kW·h）的机械设备较大，从而使风电度成本增加；此外，风能的不稳定性会导致其度电成本增加。

3. 我国风能分布特点

影响我国风能资源分布的因素有：大气环流、海陆和水体、地形、海拔等。东南沿海及东海、南海诸岛，因受台风的影响，最大年平均风速在5 m/s以上。东南沿海有时风能密度>200 W/㎡，有效风能出现时间百分率可达80%~90%。内蒙古和甘肃北部地区，高空终年在西风带的控制下，这一地区年平均风速在4 m/s以上，有效风能密度为200~300 W/㎡，风速≥3 m/s的风全年累积小时数在5000 h以上，是中国风能连成一片的最大地区。云南、贵州、四川、甘南、陕西、豫西、鄂西和湘西风能较小，因受青藏高原的影响，冷空气沿东亚大陆南下很少影响这些地区。

我国风能丰富的地区主要分布在西北、华北和东北的草原或戈壁，以及东部、东南沿海及岛屿，这些地区一般均缺少煤炭等常规能源。在时间上，冬春季风大、降雨量少，夏季风小、降雨量大，与水电的枯水期和丰水期有较好的互补性。

风能分布具有明显的地域性规律，这种规律反映了大型天气系统的活动和地形作用的综合影响。风能区划的目的是了解各地风能资源的差异，以便合理开发利用。风能区划标准将全国划分为四个区，其中，风能丰富区包括东南沿海、山东半岛和辽东半岛沿海区、三北地区、松花江下游区；风能较丰富区包括：东南沿海内陆和渤海沿海区、三北南部区、青藏高原区；风能可利用区包括两广沿海区、中部地区以及大、小兴安岭地区；风能贫乏区包括云贵川和南岭山地区、雅鲁藏布江和昌都地区、塔里木盆地西部区。我国风能分布情况见表1-1-2所列。

表1-1-2　我国风能分布情况表

区指标	丰富区	较丰富区	可利用区	贫乏区
年有效风能密度(W/m²)	≥200	200～150	150～50	≤50
风速≥3 m 的年小时数(h)	5000	5000～4000	4000～2000	≤2000
占全国面积(%)	8	18	50	24

4. 风力发电技术现状

根据国际可再生能源署（IRENA）数据，要实现《巴黎气候协定》既定的气候目标，从现在到2050年能源相关的碳排放每年要减少3.5%，可再生能源在发电结构中占比将达86%，风电将满足35%的电力需求，成为主要的发电来源。在"碳达峰碳中和"目标下，我国新能源将迎来倍速发展。目前，我国已可以自主设计开发兆瓦级风电机组。和国际先进水平相比，虽然我国在风电技术研发的系统性、基础研究领域和技术创新能力等方面仍有不足，但在风电产业快速发展和国家科技政策的有力支持下，我国按照"就近接入、本地消纳"的原则，发挥风能资源分布广泛和应用灵活的优势，在做好环境保护、水土保持和植被恢复工作的基础上，加快中东部和南方地区陆上风能资源规模化开发。现中东部和南方地区陆上风电已经加速开发。结合电网布局和农村电网改造升级，因地制宜推动接入低压配电网的分散式风电开发建设，推动风电与其他分布式能源融合发展，使我国风电技术领域研发水平已有大幅提升。

截至2024年3月底，我国风电容量约为 4.6×10^8 kW。从新增装机容量来看，2024年1—3月全国风电新增发电装机容量为 1.55×10^7 kW。中国在全球风能领域的市场份额增加，已成为领跑者。同时，大规模风电项目在内陆及海上建设和发展，促使空气动力发电技术、海上制造技术以及海上风电储能技术的广泛应用和技术升级。

（四）风电相关技术标准

1. 国际风电标准

20世纪80年代初，在风电快速发展的大背景下，为了规范风电机组产品的设计、制造和安装运行，保证产品质量，提高安全性和可靠性，降低风电产业的风险，德国、荷兰和丹麦等几个风电发达国家率先开始着手制定风电机组的相关准则和标准，并逐渐

形成了"第三方认证"的制度，即风电机组产品必须经过第三方机构的审查、监督、发证和后续检查工作，取得许可后，才能进入市场。从1986年德国劳氏船级社提出的第一个关于风电机组认证的准则"风能转换系统的认证准则"以来，风电领域已经形成了比较完善的标准、检测和认证体系，对促进风电行业的健康发展起到了重要作用。

现代并网型风电相关的专业技术标准大致涉及以下三个方面。

（1）风资源评估标准。此类标准主要用于较大范围的风能资源规划，是风能利用的重要评价依据。其通常根据气象部门的统计分析数据进行评估，由国家发布。

（2）风电机组设计与认证标准。此类标准主要用于风电设备的设计、试验、检测和认证等过程。其中，有关机组设计的标准，可大致分为整机设计和部件设计两类标准。而有关机组的认证目前多采用准行业标准形式，主要用于新型机组的生产许可，一般由权威认证机构制定。

（3）风电场设计与运行标准。此类标准主要用于风电场的规划与设计，随着大型风电场的快速增加，相应的运行规范或标准也在发展和形成中。

2. 国际电工委员会标准

国际电工委员会（International Electrotechnical Commission，IEC）于1988年成立了风力发电技术委员会（IEC/TC 88），开始进行风电国际标准的制定工作，并于1994年颁布标准IEC 61400—1《风力发电系统 第1部分：安全要求》，于1997年颁布该标准的第二版。1999年，该标准重新修订；2005年进一步修订，并更名为《风力发电系统 第1部分：设计要求》。该标准是风电机组的基本设计标准之一。并标准中针对在特定环境条件工作的风电设备，规定了设计、安装、维护和运行等安全要求，并涉及对机组主要子系统，如控制和保护机构、内部电气设备、机械系统、支撑结构以及电气连接等设备的要求。除了IEC 61400—1标准以外，国际电工委员会还陆续颁布了多项风电相关标准，形成了比较完善的标准体系。

3. 我国主要风电标准

1985年，在国家标准局的批准下，全国风力机械标准化技术委员会（SAC/TC 50）成立了，该委员会负责我国的风电、风力提水和其他风能利用机械标准的制定、修订和技术归口等标准化方面的工作，并负责与IEC/TC 88对口联络工作。该委员会早期颁布了一些针对小型风电设备的标准。随着近年来大型并网风电机组的快速发展，相关的标准研究和制定工作也明显加快。

我国有现行风力机械技术标准59个，其中并网型风电机组标准21个，离网型风电机组标准38个。这些标准主要分为国家标准和行业标准两类。

国家标准（GB/T）由国家市场监督管理总局发布。目前，我国的风电相关国家标准主要参考IEC相关的标准，并结合我国实际情况制定，例如GB/T 18451.1—2001《风力发电机组安全要求》主要参考了 IEC 61400—1（1999 版）的内容。

机械行业标准（JB/T）过去由原机械工业部发布，后来由国家发展和改革委员会发布。例如，标准 JB/T 10300—2001《风力发电机组设计要求》，是以 IEC 61400—1（1999 版）和德国船级社《风能转换系统认证规则》（1993 版）为基础，并参考相关标准和资料制定的。其中有关零部件设计部分的内容参考了标准 ISO 2394（结构可靠性通则）。JB/T 10300—2001 所要求的内容相对更详细，并在附录中给出了载荷计算的简化方法。

目前，我国风电机组的整机认证并未采用强制性认证，属于风电设备制造企业的自愿行为。国内风电机组的认证标准主要参照 IEC 标准，例如，中国船级社（CCS）于 2008 年颁布的《风力发电机组规范》，主要参考 IEC 61400—1 标准（2005 版）制定。IEC 标准主要依据欧洲的风况条件，不一定完全符合我国的实际情况。国家能源局、国家标准化管理委员会等正在制定适合我国国情的风电机组整机认证标准。

▶ **引导问题 2：** 谈谈你对光伏发电技术的基本认识。

（1）请简述光伏发电的基本原理。

_____
_____
_____
_____

（2）请阐述光伏发电的影响因素。

_____
_____
_____
_____

（3）请简述光伏发电技术的现状。

_____
_____
_____
_____

相关阅读2

(一) 光伏发电的分类

1. 独立光伏发电

独立光伏发电也叫离网光伏发电，其发电装置主要由太阳能电池组件、控制器、蓄电池组成，若要为交流负载供电，还需要配置交流逆变器。独立光伏电站包括边远地区的村庄供电系统，太阳能户用电源系统，通信信号电源、阴极保护、太阳能路灯等各种带有蓄电池的可以独立运行的光伏发电系统。

2. 并网光伏发电

并网光伏发电就是太阳能组件产生的直流电经过并网逆变器转换成符合市电电网要求的交流电之后直接接入公共电网。并网光伏发电系统可以分为带蓄电池的并网发电系统和不带蓄电池的并网发电系统。

带有蓄电池的并网发电系统具有可调度性，人们可以根据需要并入或退出电网，它还具有备用电源的功能，当电网因故停电时可紧急供电。带有蓄电池的光伏并网发电系统常常安装在居民建筑内；不带蓄电池的并网发电系统不具备可调度性和备用电源的功能，一般安装在较大型的系统上。

并网光伏发电有集中式大型并网光伏电站（一般都是国家级电站），其主要特点是将所发电能直接输送到电网，由电网统一调配向用户供电。但这种电站投资大、建设周期长、占地面积大。而分散式小型并网光伏，特别是光伏建筑一体化光伏发电，由于投资小、建设快、占地面积小、政策支持力度大等优点，是并网光伏发电的主流。

3. 分布式光伏发电

分布式光伏发电系统，又称分散式发电或分布式供能，是指在用户现场或靠近用电现场配置较小的光伏发电供电系统。其满足特定用户的需求，支持现存配电网的经济运行。

分布式光伏发电系统的基本设备包括光伏电池组件、光伏方阵支架、直流汇流箱、直流配电柜、并网逆变器、交流配电柜等设备，以及供电系统监控装置和环境监测装置。其运行模式是在有太阳辐射的条件下，光伏发电系统的太阳能电池组件阵列将太阳能转换输出的电能，经过直流汇流箱集中送入直流配电柜，由并网逆变器逆变成交流电供给建筑自身负载，多余或不足的电力通过联接电网来调节。

（二）光伏发电机组的基本结构和原理

1. 光伏发电基本结构

光伏电站如图 1-1-1 所示。

图 1-1-1　光伏电站

光伏发电系统由光伏组件、蓄电池组、充放电控制器、逆变器、交流配电柜、太阳跟踪控制系统等设备组成。其部分设备的作用如下。

（1）光伏组件。

在有光照（无论是太阳光，还是其他发光体产生的光照）的情况下，电池吸收光能，电池两端出现异号电荷的积累，即产生"光生电压"，这就是"光生伏特效应"。在光生伏特效应的作用下，太阳能电池的两端产生电动势，将光能转换成电能，它是能量转换的器件。太阳能电池一般为硅电池，分为单晶硅太阳能电池、多晶硅太阳能电池和非晶硅太阳能电池三种。

（2）蓄电池组。

蓄电池组的作用是存储太阳能电池方阵受光照时发出的电能并可随时向负载供电。太阳能电池发电对所用蓄电池组的基本要求是：①自放电率低；②使用寿命长；③深放电能力强；④充电效率高；⑤少维护或免维护；⑥工作温度范围宽；⑦价格低廉。

（3）充放电控制器。

充放电控制器是能自动防止蓄电池过充电和过放电的设备。由于蓄电池的循环充放电次数及放电深度是决定蓄电池使用寿命的重要因素，因此能控制蓄电池组过充电或过放电的充放电控制器是必不可少的设备。

（4）逆变器。

逆变器是将直流电转换成交流电的设备。由于太阳能电池和蓄电池是直流电源，当负载是交流负载时，逆变器是必不可少的。逆变器按运行方式，可分为独立运行逆变器和并网逆变器。

独立运行逆变器用于独立运行的太阳能电池发电系统，为独立负载供电。并网逆变器用于并网运行的太阳能电池发电系统。

逆变器按输出波形可分为方波逆变器和正弦波逆变器。方波逆变器电路简单，造价低，但谐波分量大，一般用于几百瓦以下和对谐波要求不高的系统。正弦波逆变器成本高，但可以适用于各种负载。

（5）交流配电柜。

交流配电柜具有保护功能：光伏发电系统需要受到限制，并保护它能够长时间、安全地工作。交流配电柜可以保护发电系统并延长其使用寿命。同时，交流配电柜具有电流监测功能：交流配电柜可以监测光伏发电系统的运作状态，包括电流、电压、功率、能量和频率等参数，以便确保其运行正常并及时处理问题。

（6）太阳跟踪控制系统。

相对于某一个固定地点的太阳能光伏发电系统，由于一年四季、每天日升日落，太阳的光照角度时时刻刻都在变化，因此太阳跟踪控制系统能使太阳能电池板时刻正对太阳，这样发电效率才会达到最佳状态。

2. 光伏发电原理

光伏发电的主要原理是半导体的光电效应。光子照射到金属上时，它的能量可以被金属中某个电子全部吸收。如果电子吸收的能量足够大，它就能克服金属原子内部的库仑力做功，离开金属表面逃逸出来，成为光电子。硅原子有4个外层电子，如果在纯硅中掺入有5个外层电子的原子如磷原子，就成为N型半导体；若在纯硅中掺入有3个外层电子的原子如硼原子，就形成P型半导体。当P型半导体和N型半导体结合在一起时，接触面就会形成电势差，成为太阳能电池。当太阳光照射到P—N结后，电流便从P型一边流向N型一边，形成电流。

光电效应是物理学中一个重要而神奇的现象。在高于某特定频率（极限频率）的电磁波照射下，某些物质内部的电子吸收能量后逸出而形成电流，即光生电。

多晶硅经过铸锭、破锭、切片等程序后，制作成待加工的硅片。在硅片上掺杂和扩散微量的硼、磷等，就形成P—N结。然后采用丝网印刷，将精配好的银浆印在硅片上做成栅线，经过烧结，同时制成背电极，并在有栅线的面涂一层防反射涂层，电池片就此制成。电池片排列组合成电池组件，就组成了大的电路板。一般在组件四周包铝框，正面覆盖玻璃，反面安装电极。有了电池组件和其他辅助设备，就可以组成发电系统。

为了将直流电转化为交流电，需要安装电流转换器。发电后可用蓄电池存储电流，也可将电流输入公共电网，如图1-1-2所示为光伏并网发电原理图。发电系统成本中，电池组件约占50%，电流转换器、安装费、其他辅助部件以及其他费用占另外50%。

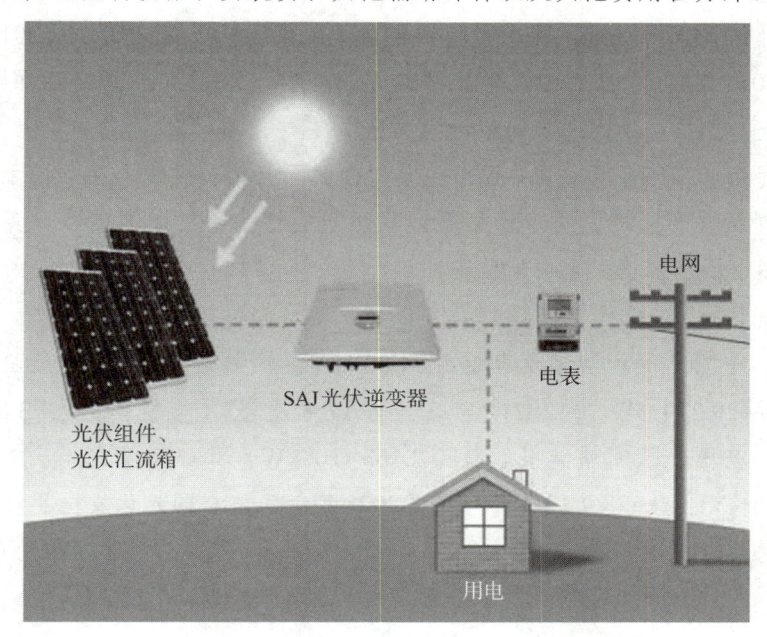

图1-1-2　　光伏并网发电原理图

（三）光伏发电技术的发展和现状

1. 发展历史

早在1839年，法国科学家贝克雷尔就发现，光照能使半导体材料的不同部位之间产生电位差。这种现象后来被称为"光生伏特效应"，简称"光伏效应"。1954年，美国科学家恰宾和皮尔松在美国贝尔实验室首次制成了实用的单晶硅太阳电池，创造了将太阳光能转换为电能的实用光伏发电技术。

20世纪50年代和60年代，太阳能电池的效率得到显著提升，开始应用于人造卫星和太空航行器等领域。1973年，美国加利福尼亚州建成世界上第一座商业化太阳能电站，标志着光伏发电技术进入商业化应用阶段。

2. 发展趋势

缓慢发展期（1970—2004）：在这一时期，我国光伏产业处于起步阶段，企业数量较少，技术水平总体较低，对经济的贡献也非常有限。1983年，我国从美国和加拿大引进了光伏电池生产线后，生产能力显著提升。

快速成长期（2004—2012）：2005年左右，受欧洲市场需求拉动，中国光伏行业开

始快速发展，逐步形成了完整的市场环境和配套环境。在这一时期，我国也开始关注太阳能发电，拟建第一套3MW多晶硅电池及应用系统示范项目。

高速发展期（2013—2018）：2013年，我国光伏行业进入了高速发展期，得益于光伏标杆电价补贴政策的支持，国内光伏每年新增装机容量大幅提升，从2013年的12.92 GW增长到2017年的53.06 GW，年均增速超过40%。2013年，国务院发布了"国八条"政策，进一步推动了国内光伏市场的快速发展。

平价上网期（2019年至今）：自2019年起，我国光伏行业进入了平价上网期，通过持续的技术创新、产能扩张和市场拓展，我国光伏行业不仅在国内市场实现了快速发展，也在国际市场上占据了重要地位。

3. 发展现状

2021年：全国光伏新增装机容量为54.88 GW，其中集中式光伏电站25.6007 GW，分布式光伏电站29.279 GW。到2021年年底，全国光伏发电累计装机容量达到$3.06×10^8$ kW。

2023年：全国光伏新增装机容量为$2.163×10^8$ kW，其中集中式光伏电站$1.20014×10^8$ kW，分布式光伏$9.6286×10^7$ kW。截至2023年年底，全国光伏发电累计装机容量达到$6.1×10^8$ kW。

2024年：预计全国光伏新增装机容量将达到190~220 GW。

（1）技术进步和成本下降。

2023年，光伏项目建设成本呈快速下降趋势，单位千瓦造价从1万元以上降到4000元左右，降幅高达70%以上。此外，技术迭代升级加快，P型、N型、TOPCon、HJT及钙钛矿叠层电池交相辉映，电池转换效率得到大幅提升。

（2）政策支持和市场需求。

我国政府对光伏发电的支持力度不断加大，尽管预计到2024年将取消新能源新增发电上网的价格补贴，但光伏发电价格仍将低至0.8元/kW·h，并成为除水电之外最便宜的能源。

2023年，太阳能电池（光伏电池）产量达到$5.4×10^8$ kW，同比增长54.0%。这表明市场对光伏产品的需求依然旺盛。

（3）分布式光伏的发展。

分布式光伏在2023年成为新的亮点，户用光伏装机容量达到$4.3483×10^7$ kW。分布式光伏的普及有助于提高光伏发电的灵活性和可靠性。

（4）全球市场地位。

我国在全球光伏市场中占据重要地位，2023年我国光伏市场份额占全球的56%，我国光伏产业在全球范围内具有较强的竞争力和影响力。

我国光伏发电在2024年将继续保持快速增长的态势，技术进步和成本下降将进一步推动行业发展。政策支持和市场需求也将为光伏产业提供强有力的支撑。分布式光伏的普及和全球市场地位的巩固将是未来几年的重要趋势。

（四）光伏发电相关技术标准

1. 国际光伏发电标准

（1）国际光伏板标准。

①IEC标准。

国际电工委员会（IEC）制定了光伏板行业的标准，其中IEC 61215和IEC 61730是光伏板的通用质量和性能标准。IEC标准旨在确保光伏板的性能符合质量标准，从而确保其长期运行的稳定性和安全性。

②UL标准。

美国Underwriters Laboratories Inc.（UL）是一个全球性质量和安全标准化机构，UL1703是其出版的光伏板质量标准，覆盖了光伏板的性能、电子安全和机械强度等方面。

（2）国际光伏技术标准。

随着全球对清洁能源需求的日益增加，国际组织和行业协会已制定了一系列与光伏技术相关的标准，以保证光伏设备的安全和性能。主要的国际标准如下。

①组件标准：IEC 61215、IEC 61646、IEC 61730、UL1703等。

②逆变器标准：IEC 62109—1、IEC 62109—2、EN 50438等。

③系统标准：IEC 61727、IEC 62116等。

2. 国内光伏发电标准

（1）2024国家标准。

GB/T 29319—2024《光伏发电系统接入配电网技术规定》，发布日期为2024年3月15日，实施日期也为同日。这一标准全面代替了2012年的旧标准。

GB/T 19964—2024《光伏发电站接入电力系统技术规定》，该标准详细规定了光伏发电站接入电力系统的技术要求。

（2）行业协会标准。

中国光伏行业协会在2024年发布了多项标准。例如：

T/CPIA 0030.4—2024《晶体硅光伏电池用浆料 第4部分：正面和背面银浆 固化型银浆》

T/CPIA 0055.1—2024《晶体硅光伏电池 第1部分：n型隧道氧化层》

T/CPIA 0056—2024《漂浮式水上光伏发电锚固系统设计规范》

T/CPIA 0057—2024《光伏硅片制造技术要求》等。

（3）行业标准。

我国作为全球最大的光伏市场之一，也制定了一系列行业标准，以推动光伏技术的发展和应用。主要的行业标准如下。

组件标准：GB/T 9535、GB/T 18716等。

逆变器标准：GB/T 50864、GB/T 19964等。

系统标准：GB/T 19963、GB/Z 29914等。

2023年，我国光伏行业协会发布了多项标准，如《产线用晶体硅标准光伏电池制作指南 第2部分：异质结晶体硅光伏电池》等。这些标准涵盖了光伏行业的各个环节，从材料制造到设备应用等。

《光伏发电系统接入配电网技术规定》GB/T 29319—2024：该标准发布于2024年3月15日，并在同日实施，全面代替了之前的GB/T 29319—2012。该标准属于方法类别，涉及光伏发电系统接入配电网的技术要求。

《光伏发电站设计规范》GB 50797—2012：该标准自2012年11月1日起实施，其中第3.0.6、3.0.7、14.1.6、14.2.4为强制性条文，必须严格执行。

中国光伏行业协会标准：2024年5月30日，中国光伏行业协会发布了2024年第一批光伏协会标准制修订计划，共涉及33项标准。此外，2024年5月1日，中国光伏行业协会批准发布了16项标准，如T/CPIA 0030.4—2024《晶体硅光伏电池用浆料 第4部分：正面和背面银浆固化型银浆》等。

这些标准涵盖了光伏发电站的设计、接入电力系统和配电网的技术规定，以及光伏行业协会的相关标准，共同构成了中国光伏发电的最新标准体系。

▶ **引导问题3：** 谈谈你对生物质能发电技术的基本认识。

（1）请简述生物质能发电的基本原理。

（2）请阐述生物质能发电的影响因素。

（3）请简述生物质能发电技术的现状。

_____

_____

_____

_____

相关阅读3

（一）生物质能发电的分类

1. 按发电原理分类

（1）直接燃烧发电。

将生物质直接燃烧产生的热量转化为电能，原理如图1-1-3所示。生物质（如木材、秸秆等）燃烧产生高温高压蒸汽，蒸汽再驱动涡轮机带动发电机发电。这种方式的优点是技术成熟、设备简单，但缺点是会产生大量的二氧化碳。

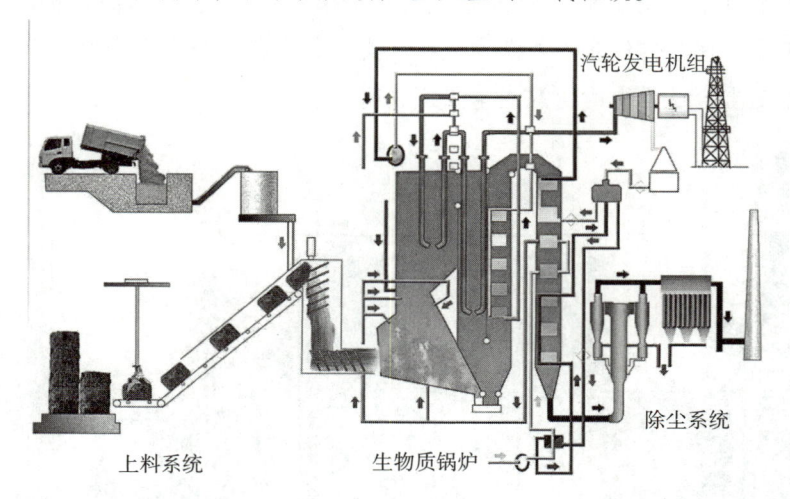

图1-1-3　生物质直接燃烧发电原理图

（2）气化发电。

通过生物质气化技术将生物质转化为燃气，然后利用燃气发电机组进行发电，原理如图1-1-4所示。气化发电的优点是发电效率高、二氧化碳排放量较少，但技术相对较新，成本较高。

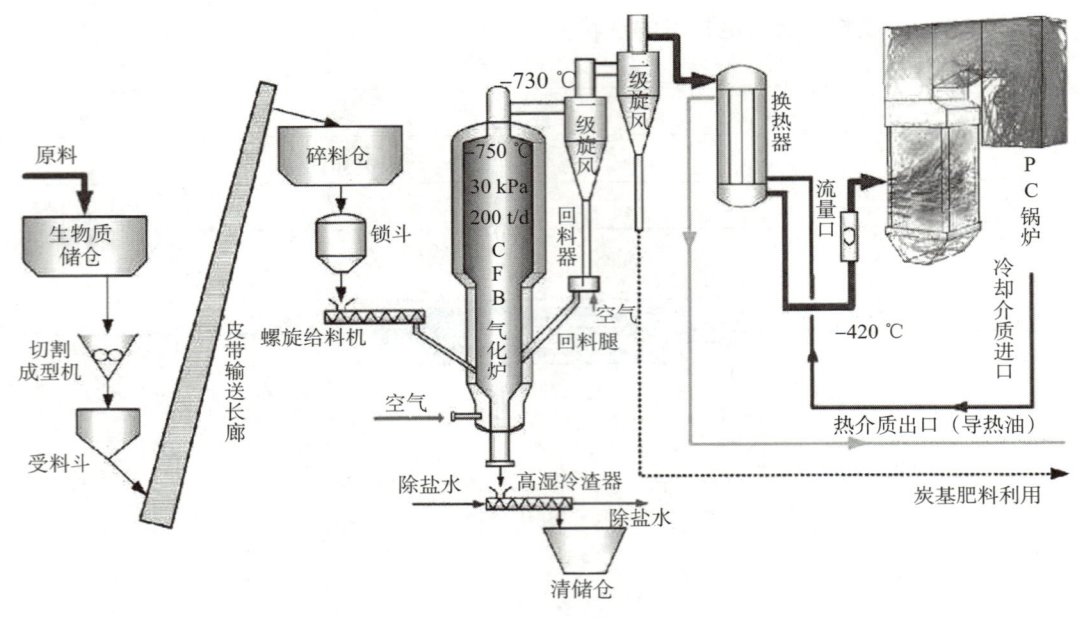

图1-1-4 生物质气化发电原理图

（3）液化发电。

将生物质转化为液体燃料，再通过发动机或燃气轮机发电，原理如图1-1-5所示。这种方式的工作原理与传统化石能源发电原理类似，其优点是在燃烧时可以减少污染物排放，但缺点是生产过程中的能源成本相对较高。

图1-1-5 生物质液化发电原理图

(4) 生物化学发电。

利用微生物将生物质转化为电能。这是一种相对新兴的发电技术，具有环保和可持续发展的潜力。

2. 按原料来源分类

（1）农业生物质发电：利用农作物秸秆、稻壳、麦秆等农业废弃物作为燃料进行发电。

（2）林业生物质发电：利用木材废弃物、枝丫、树皮等林业废弃物作为燃料进行发电。

（3）城市垃圾发电：利用城市生活垃圾进行发电，这种方式既处理了垃圾，又产生了电能，实现了废物的资源化利用。其原理如图1-1-6所示。

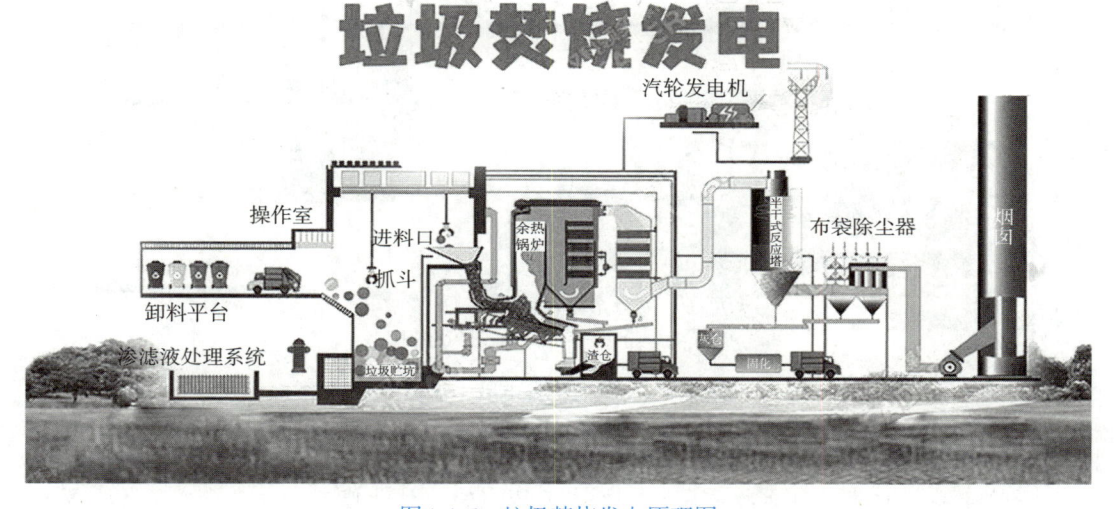

图1-1-6　垃圾焚烧发电原理图

3. 按技术类型分类

（1）传统生物质发电：采用传统的生物质燃烧技术进行发电。

（2）现代生物质发电：采用先进的生物质气化、生物质直燃等技术进行发电，这些技术通常更加高效且环保。

4. 按装机容量分类

（1）大型生物质发电：装机容量在 $1×10^5$ kW 以上的生物质发电。

（2）中型生物质发电：装机容量在 $1×10^4$ kW 至 $10×10^5$ kW 的生物质发电。

（3）小型生物质发电：装机容量在 $1×10^4$ kW 以下的生物质发电。

（二）生物质能发电机组的基本结构

生物质能发电基本流程如图1-1-7所示。

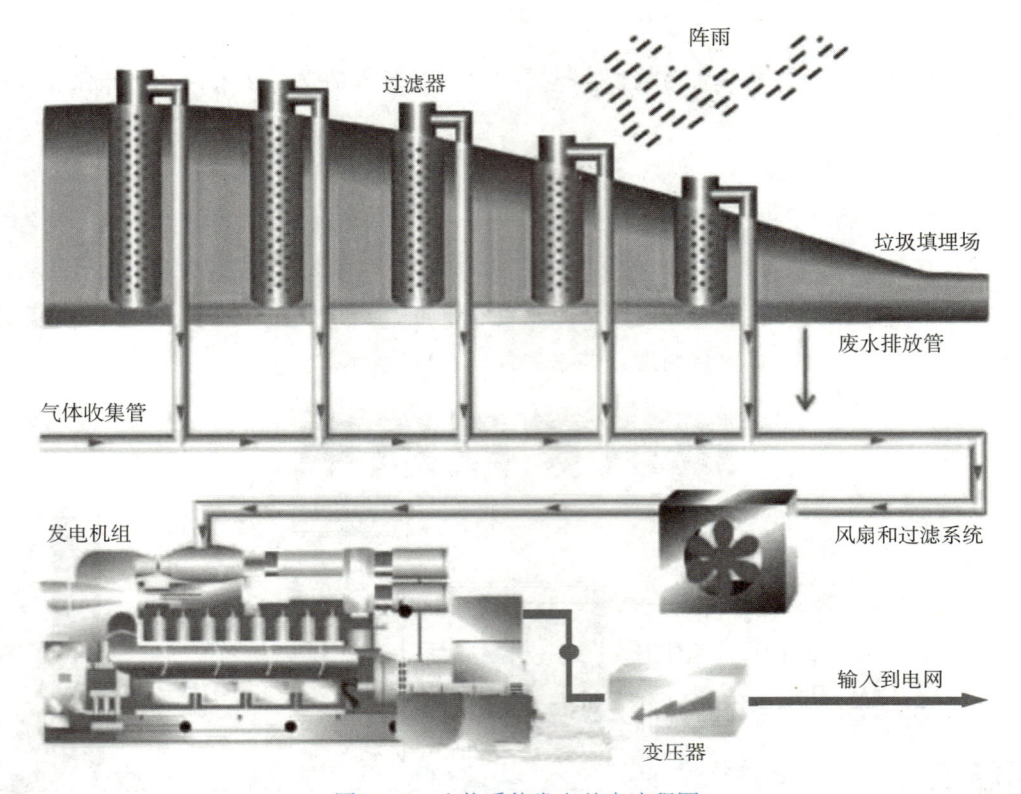

图 1-1-7　生物质能发电基本流程图

1. 生物质原料的收集和预处理系统

用这个系统收集各种生物质原料，如农业废弃物、林业废弃物和畜禽粪便等。原料收集后，需要进行破碎、筛选等预处理，以便后续的燃气化处理。

2. 燃气化炉

这是生物质气热电联产型发电机组的核心设备。它的作用是将预处理后的生物质原料进行高温气化处理，从而生成可燃气体。这些气体将为后续的发电过程提供所需的燃料。

3. 净化处理系统

用该系统净化燃气，去除其中的杂质和有害气体，如除尘、脱硫、脱硝等，以确保燃气质量达到发电要求的水平。

4. 发电机组

它是实现生物质能转化为电能的核心部分。发电机组采用燃气轮机或内燃机等发动机，将生物质燃气的热能转化为电能。

5. 余热回收利用系统

在发电过程中，蒸汽失去了一部分能量，但仍保持一定的热量。余热回收系统能够将这部分热量转化为其他有用的能量，如供暖或加热，从而提高整个系统的能源利用效率。

（三）生物质能发电技术的发展

1. 技术起源与发展

生物质能发电技术起源于20世纪70年代，当时世界性的石油危机爆发，丹麦等西方国家开始重视开发清洁能源，利用秸秆等生物质进行发电。自1990年以来，生物质发电在欧美许多国家开始迅速发展，并逐渐形成了成熟的产业链和技术体系。

2. 中国的生物质能发电发展

我国生物质能发电起步于20世纪90年代，随着国家鼓励生物质发电技术发展政策的出台，生物质能发电厂得到了快速发展。特别是进入21世纪后，电厂数量和能源份额都在逐年上升，2017—2023年中国生物质能发电装机规模如图1-1-8所示。不过，受资源分布不均和技术水平的限制，不同地区的发展情况有所差异。例如，山西南部和西北地区的农林生物质发电项目较少，而华东地区的垃圾发电项目则发展得较为迅速。

2017—2023年Q1中国生物质能发电装机规模

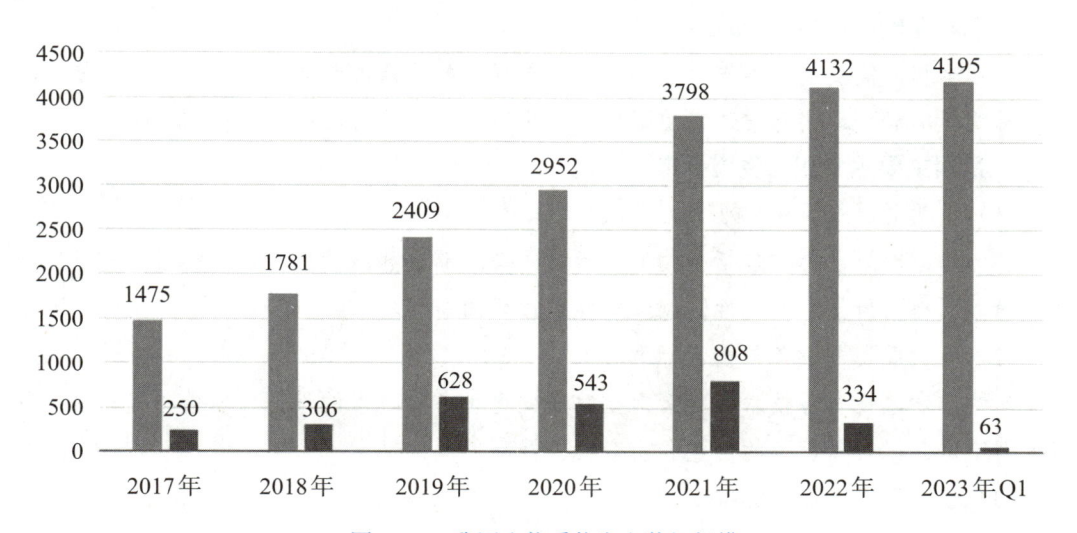

■ 装机容量（万千瓦）　■ 新增装机（万千瓦）

年份	装机容量（万千瓦）	新增装机（万千瓦）
2017年	1475	250
2018年	1781	306
2019年	2409	628
2020年	2952	543
2021年	3798	808
2022年	4132	334
2023年Q1	4195	63

图1-1-8　我国生物质能发电装机规模

3. 技术特点与优势

生物质能发电技术以生物质及其加工转化成的固体、液体、气体为燃料，其发电机可以根据燃料的不同、温度的高低、功率的大小分别采用煤气发动机、斯特林发动机、燃气轮机和汽轮机等。这种发电方式具有多种优势，如污染小，有利于环境保护；生物质是一种碳中性能源，可以实现二氧化碳排放净平衡；而且生物质能资源相对分散，收

集、处理、加工、运输方式和渠道等呈现多元化特征，为能源的可持续利用提供了可能。

4. 技术创新与政策推动

随着技术的不断创新和政策的持续支持，生物质能发电产业正迎来更加广阔的发展前景。我国已经明确了生物质能产业的发展定位，加强了顶层设计并进行了系统规划，将生物质能技术应用与建设美丽中国和乡村振兴等国家重大战略任务紧密结合在一起。同时，国家还出台了一系列政策，如完善垃圾处理收费制度，推动垃圾焚烧发电市场化运营模式等，以支持生物质能发电行业的发展。

5. 未来展望

展望未来，生物质能发电技术将继续向更高效、更环保、更可持续的方向发展。随着技术的不断创新和成熟，生物质能发电的效率和稳定性将得到进一步提升，同时成本也将逐渐降低。此外，随着全球能源转型的加速推进，生物质能发电将在可再生能源领域发挥更加重要的作用，为全球的能源安全和可持续发展作出更大贡献。

（四）生物质能发电相关技术标准

1. 国际生物质能发电标准

国际生物质能发电标准涉及多个方面，包括生物质能的收集、处理、转换、发电效率、排放标准等。这些标准通常由国际标准化组织、行业协会或政府机构制定。

2. 我国主要生物质能发电标准

（1）生物质原料质量标准。

生物质原料质量标准包括生物质原料的收集、储存和运输等方面的标准。这些标准用来确保原料的质量和稳定性，以满足发电过程的需求。

（2）生物质发电设备与技术标准。

生物质发电设备与技术标准针对生物质发电设备和技术的设计、安装、运行和维护等方面制定，以确保设备的性能和安全性，提高发电效率。

（3）生物质发电能耗标准。

生物质发电能耗标准对生物质发电过程中的能耗进行限制，如将人均能耗应控制在合理范围内，将发电效率控制在一定水平以上。这些标准有助于推动生物质发电技术的优化和能效提升。

（4）环保排放标准。

环保排放标准针对生物质发电过程中产生的废气、废水、废渣等污染物而制定，以确保生物质发电过程对环境的友好性。

（5）并网运行标准。

生物质能发电需要并入电网进行运行，因此需要遵循电网的运行规则和标准，以确保生物质能发电与电网的兼容性和稳定性。

这些标准通常由国家能源局、标准化管理机构或行业协会等组织制定，并在全国范围内实施。同时，随着生物质能发电技术的不断发展和完善，这些标准也会不断更新和修订，以适应新的技术和市场需求。

▶ **引导问题4：** 谈谈你对海洋能发电技术的基本认识。

（1）请简述海洋能发电的基本原理。

_____

_____

_____

_____

（2）请阐述海洋能发电的影响因素。

_____

_____

_____

_____

（3）请简述海洋能发电技术的现状。

_____

_____

_____

_____

相关阅读4

（一）海洋能发电的分类

1. 潮汐能发电

潮汐能发电指利用海洋的潮汐涨落来驱动涡轮机，从而产生电力。潮汐能发电站通常建在具有显著潮差的地区，如河口、海湾等，也可以通过建造水坝形成水库，在坝中或坝旁建水力发电厂房。

2. 波浪能发电

波浪能发电指利用海面波浪上下运动的动能来发电。波浪能发电设备通常包括浮子、浮动平台或柔性袋等，它们能够捕捉波浪的运动并将其转换为电能。波浪能是一种分布广泛但能量密度较低的能源。

3. 温差能发电

温差能发电也称海洋热能转换（OTEC），是利用海水在不同深度之间的温度差异来产生电力，通常需要较暖的表层海水和较冷的深层海水之间至少有20 ℃的温差才能有效运作。

4. 海流能发电

海流能发电指利用海洋中持续流动的水流来驱动涡轮机发电。海流能通常存在于海洋的某些特定区域，如大西洋的墨西哥湾等。

5. 盐差能发电

盐差能发电又称渗透压能发电，是利用淡水和咸水之间的盐度差异来产生电力。当淡水和咸水混合时，淡水会自然地流向咸水侧，通过这一过程可以推动涡轮机发电。

（二）海洋能发电的基本原理

海洋能发电是将海洋能转化成电能，主要有潮汐能发电、波浪能发电、温差能发电、海流能发电、盐差能发电这五种。在化石能源逐渐消耗殆尽的将来，巨大的海洋能资源具有很好的开发前景。

1. 潮汐能发电

利用潮汐能可以进行潮汐发电，即通过河口、海湾等特殊地形，或建立水坝，围成水库，在坝旁或坝中建水力发电厂房，利用潮汐涨落时海水流过水轮机时推动水轮发电机组发电。

按运行方式可将潮汐电站分为三种，即单库单向型、单库双向型和双库单向型。

单库单向型指只用一个水库，仅在涨潮（或落潮）时发电。

单库双向型指只用一个水库，涨潮与落潮时均可发电，平潮时不发电。

双库单向型指用两个相邻的水库，一个水库在涨潮时进水，另一个水库在落潮时放水，可以全天发电。

潮汐发电需要具备一定的资源条件，其关键技术包括电站的运行控制技术、设计制造水轮机组技术、电站设备在海水中的防腐技术等。

我国对潮汐能的利用比较早，自1958年以来，就陆续在广东顺德东湾、山东乳山和上海崇明等地建立了几十座潮汐能发电站。我国的潮汐电站数量在世界上是最多的，目前仍在正常运行发电的仍有7座，年发电量仅次于法国、加拿大，居世界第三位。

现有的潮汐电站水电工程建筑物的施工还比较落后，水轮发电机组尚未定型和标准化；潮汐电站比较复杂，潮汐大坝会对环境造成影响，这些都是潮汐能开发中存在的问题。

2. 波浪能发电

波浪具有的动能和势能，即波浪能，通过发电装置将波浪能转换成电能即为波浪能发电。

波浪发电包括三级能量转换。机构直接与波浪相互作用的一级能量转换，把波浪能转换成水的位能、装置的动能，或者是中间介质（如空气）的动能与压能等；将一级转换所得能量转换成旋转机械的动能是二级能量转换，例如液压马达、空气透平等；将旋转机械的动能通过发电机转换成电能是三级能量转换。

波浪能利用的关键技术有波浪的聚集与相位控制技术、波能装置建造与施工中的海洋工程技术、往复流动中的透平研究技术、波能装置的波浪载荷及在海洋环境中的生存技术、不规则波浪中的波能装置的设计与运行优化等。

继潮汐发电后，发展最快的一种海洋能源就是波浪能发电。

当前，中国、英国、日本、爱尔兰等国家在海上研建了波浪能发电装置。如英国于2000年11月在艾雷岛建成一座500 kW岸式波浪发电站（振荡水柱空气透平发电机组），解决了当地400户居民的用电问题，还与苏格兰公共电力供应商签订了15年的供电合同。

因涉及的中间环节多，波浪能转换成电能效率低，电力输出波动性大。由于波浪能的不稳定性，如何积累、存储波浪能使其成为有用的能源，如何提高设备的抗恶劣环境的能力等问题，都对波浪发电的进一步发展有所制约，导致系统研究开发波浪能发电速度缓慢。

3. 温差能发电

温差能发电指利用海洋表层和深层的温差，对中间介质进行沸腾冷却，驱动汽轮机运转，带动发电机发电。主要有两种：开式循环系统和闭式循环系统。

其中，开式循环系统主要由真空泵、冷水泵、温水泵、汽轮机、闪蒸器、发电机组、冷凝器等组成。该系统由真空泵抽至一定的真空状态，再启动温水泵将表面的温水抽入闪蒸器，因存在一定的真空度，闪蒸器内的温海水沸腾蒸发成蒸汽。

汽轮机通过流经管道的蒸汽开始运转，从而带动发电机发电。温差能发电最大的缺憾就是温差太小，能量密度不高。强化传热传质技术是温差能转换的关键。

中国科学院广州能源研究所1985年开始研究温差利用中的一种"雾滴提升循环"方法。

该所于1989年在实验室创造了将雾滴提升到21 m高度的纪录，同时还在实验室研

究了开式循环过程，建造了两座试验台，容量分别为 10 W 和 60 W。

4. 海流能发电

海流能发电是利用海流流动推动水轮机发电，与风力发电有类似的原理。因海水有相当于 1000 倍空气的密度，且装置必须放在水下，所以海流能发电存在安装维护、防腐、海洋环境中的载荷与安全性能、电力输送等一系列的关键技术问题。

1982 年，我国开始海流能发电研究；1984 年，哈尔滨工程大学研制出 60 W 水轮机；1989 年，我国研制出 1 kW 河流能发电装置，并在水库里进行了两个月的发电试验；2000 年，我国建成 70 kW 潮流实验电站，并在舟山群岛的岱山港水道进行海上发电试验。该实验电站是世界上第一个漂浮式潮流能试验电站。

从研究水平看，我国研建的 70 kW 潮流能实验电站居世界领先地位，不过还存在一系列的技术问题。

5. 盐差能发电

把不一样盐浓度海水间的化学电位差能转换成水的势能，再利用水轮机发电就叫盐差能发电。

渗透压式、蒸汽压式、机械化学式是盐差能发电的主要方式。

在不同盐度的两种海水间放一层半透膜，通过膜会形成压力梯度，盐度低的一侧的水会通过膜向盐度高的一侧流动，直到两侧盐度相同。通过海水泵将海水冲入水压塔，利用渗透压，淡水从半透膜渗透到水压塔内，使塔内水位增高，达到一定高度后，水从塔顶溢出并冲击水轮机旋转，带动发电机发电。

膜技术和膜与海水介面间的流体交换技术是盐差能发电的关键技术。

（三）海洋能发电技术的发展

从目前技术发展来看，潮汐能发电技术最为成熟，已经进行了商业开发，如中国江厦电站、加拿大安纳波利斯电站、法国朗斯电站均已运行多年；波浪能和潮流能还处在技术攻关阶段，中国、丹麦、挪威、意大利、澳大利亚、美国、英国建造了多种波浪能和潮流能装置，试图改进技术，逐渐将技术推向实用；温差能还处于研究初期，只有美国建造了一座温差能电站，进行技术探索。从能流密度来看，波浪能、海流能的能流密度最大，因此这两种能量转换装置的几何尺度较小，其最大尺度通常在 10 m 左右，可达到百千瓦级装机容量；温差能利用需要连通表层海水与深部海水，因此其最大尺度通常在几百米量级，可达到百千瓦级净输出功率；潮汐能能流密度较小，需要建立大坝控制流量，以增加大坝两侧的位差，从而在局部增大能流密度，计入大坝尺度，潮汐能的最大尺度在千米量级，装机容量可达到兆瓦级。尺度小带来许多便利之处：一是应用灵

活，建造方便，一旦需要可以在短时间内完成，因此具有军用前景；二是规模可大可小，可以通过适当装机容量的若干装置并联而成大规模；三是对环境的影响较小。因此，人们普遍认为波浪能和海流能对环境的影响不大，而潮汐能对环境的影响较大。基于以上理由，目前国外发展最快的是波浪能和海流能。而波浪能由于比海流能的分布更广，因而更加受到人们的关注。从能量形式来看，温差能属于热能，潮汐能、海流能、波浪能都是机械能。对于发电来说，机械能的品位高于热能，因此潮汐能、海流能、波浪能在转换效率和发电设备成本等方面具有一定优势。温差能在发电的同时还可以产出淡水，这一点也值得注意。

（四）海洋能发电相关技术标准

1. 国际海洋能发电标准

近些年来，国际海洋可再生能源利用技术发展迅猛，涌现出了大量的新技术和新装置。随着海洋能开发利用的快速发展，世界先进海洋能国家都在着手制定海洋能相关标准。在国际范围内，欧洲海洋能源中心、国际电工委员会制定的相关标准应用最为广泛。

欧洲海洋能源中心为世界首家海洋能源试验场，它在全球范围内推广海洋能源标准。目前，它制定的关于海洋能装置的资源评估、性能评估及室内测试等有关海洋能技术指南共有12项。这12项指南文件适用于海洋能转换系统从概念到发电场的各个阶段，用于指导、规范海洋能装置的研发与测试，在国际海洋能领域认同度非常高，分别为：

（1）波浪能资源评估；

（2）潮流能资源评估；

（3）波浪能转换装置性能评估；

（4）潮流能转换装置性能评估；

（5）波浪能转换装置水槽测试；

（6）海洋能转换装置设计导则；

（7）海洋能转换装置并网导则；

（8）海洋能认证制度导则；

（9）海洋能转换装置生产、装配及测试导则；

（10）海洋能转换装置可靠性、稳定性、环境适应性评估导则；

（11）海洋能产业健康与安全导则；

（12）海洋能产业项目发展导则。

国际电工委员会于2007年成立了"海洋能—波浪、潮汐和其他海流能转换装置标准化技术委员会（TC 114）"，对海洋能量转换系统制定国际标准，其标准化的范围重点集中在将波浪能、潮汐能和其他水流能转换成电能。IEC/TC 114目前已发布的国际标准有6项，分别为：

（1）海洋能—波浪、潮汐和其他海洋能转换装置 第1部分：术语；

（2）海洋能—波浪、潮汐和其他海洋能转换装置 第100部分：波浪能电站性能评估；

（3）海洋能—波浪、潮汐及其他海洋能转换装置 第200部分：发电潮汐能转换器—动力性能评估；

（4）海洋能—波浪、潮汐及其他海洋能转换装置 第10部分：海洋能源转换设备锚泊系统评价；

（5）海洋能—波浪、潮汐及其他海洋能转换装置 第101部分：波浪能资源特征和评估；

（6）海洋能—波浪、潮汐及其他海洋能转换装置 第201部分：潮汐能资源特征和评估。

2. 我国主要海洋能发电标准

我国海岸线长，海洋能资源丰富。经过50多年海洋能源技术的发展，我国海洋能源开发利用取得了很大的进步。目前，潮汐能发电技术基本成熟，实现了小规模商业化运行，在潮流能、波浪能与海流能利用方面开发了大量试验样机和工程样机，在温差能利用方面进行了原理样机研发。

为了加快构建清洁低碳、安全高效的能源体系，国家发展改革委、国家能源局也出台了相关政策，如《关于促进新时代新能源高质量发展的实施方案》（以下简称《实施方案》）的推出，旨在锚定到2030年我国风电、太阳能发电总装机容量达到12亿千瓦以上的目标，助力"双碳"目标的早日实现。《实施方案》内容主要包括以下几个方面：一是创新新能源开发利用模式，加快推进以沙漠、戈壁、荒漠地区为重点的大型风电、光伏基地建设，促进新能源开发利用与乡村振兴融合发展，推动新能源在工业和建筑领域应用，引导全社会消费新能源等绿色电力；二是加快构建适应新能源占比逐渐提高的新型电力系统，全面提升电力系统调节能力和灵活性，着力提高配电网接纳分布式新能源的能力，稳妥推进新能源参与电力市场交易，完善可再生能源电力消纳责任权重制度；三是深化新能源领域"放管服"改革，持续提高项目审批效率，优化新能源项目接网流程，健全新能源相关公共服务体系；四是支持引导新能源产业健康有序发展，推进科技创新与产业升级，保障产业链供应链安全，提高新能源产业国际化水平。

目前，我国已发布与节电降碳相关的海洋能发电相关国家标准10项，包括海洋能电站设计（2项）、海洋能电站发电量计算技术（2项）、海洋波浪能发电与经济评价

（3项）和海洋可再生能源资源调查与评估（3项）；已发布行业标准3项，包括潮汐电站设计（2项）和海洋能开发利用（1项），见表1-1-3所列。

表1-1-3 海洋能发电相关标准

	国家标准	
1	GB/T 41340.1—2022	海洋能电站发电量计算技术规范第1部分：潮流能
2	GB/T 41340.2—2022	海洋能电站发电量计算技术规范第2部分：波浪能
3	GB/T 41088—2021	海洋能系统的设计要求
4	GB/Z 40295—2021	波浪能转换装置发电性能评估
5	GB/T 36999—2018	海洋波浪能电站环境条件要求
6	GB/T 35050—2018	海洋能开发与利用综合评价规程
7	GB/T 35724—2017	海洋能电站技术经济评价导则
8	GB/T 34910.3—2017	海洋可再生能源资源调查与评估指南第3部分：波浪能
9	GB/T 34910.2—2017	海洋可再生能源资源调查与评估指南第2部分：潮汐能
10	GB/T 34910.4—2017	海洋可再生能源资源调查与评估指南第4部分：海流能
	行业标准	
11	NB/T 10082—2018	潮汐电站资源调查评价规范
12	NB/T 10081—2018	潮汐电站水能设计规范
13	HY/T 181—2015	海洋能开发利用标准体系

▶引导问题5：谈谈你对氢能发电技术的基本认识。

（1）请简述氢能发电的基本原理。

（2）请阐述氢能发电的影响因素。

(3) 请简述氢能发电技术的现状。

相关阅读5

（一）氢能资源

1. 氢能的特点

清洁性：氢能的燃烧产物主要是水，只有极少量的氮化氢生成。即使产生少量的氮化氢，也可以通过适当处理避免其对环境的污染。因此，氢能被视为世界上最清洁的能源之一。

高效性：氢气具有高热值特性，其热值是汽油的3倍、酒精的3.9倍和焦炭的4.5倍。这意味着在相同的重量或体积下，氢气能释放更多的能量。此外，氢气的放热效率高，使得它在许多应用中表现出色。

可再生性：氢能是一种二次可再生能源，可以通过电解水等方法从其他能源中制取得到，而不像煤、石油等化石燃料那样储量有限且不可再生。随着技术的进步，绿色制氢方法（如利用太阳能和风能进行电解水产氢）的发展将进一步推动氢能的可再生性和清洁性。

安全性：虽然氢气是易燃易爆的气体，但在实际使用中，通过合理的储存、运输和应用设计可以确保其安全性。例如，将氢气储存在固体金属氢化物中可以降低其泄漏风险；同时，由于氢气重量轻、密度小，便于运输和携带，也减少了其在输送过程中的安全隐患。

多样性：氢气可以以气体、液体或固体金属氢化物等多种形式存在，这使得它能够满足不同的储存、运输和应用环境要求。这种多样性为氢能在多个领域的应用提供了便利条件。

利用率高：与其他能源相比，氢气在内燃机中的利用率更高，因为它消除了内燃机的噪声源和能源污染隐患。这意味着在使用相同数量的燃料时，使用氢气可以获得更高的工作效率。

降低温室效应：由于氢能可以取代化石燃料成为主要的能源来源之一，因此它可以有效地减少二氧化碳和其他温室气体的排放从而降低全球变暖的影响。这对于实现可持续发展目标和应对气候变化具有重要意义。

2. 我国氢能资源分布特点

短期看，化石能源制氢仍是最大的氢气来源，主要通过煤炭焦化气化、天然气重整以及甲烷煤炭合成气等化工生产的方式进行制取，但其存在碳排放问题；中期看，利用结合碳捕捉技术，当前应用少、成本高，导致价格优势逐渐降低。化石能源制氢造成不可再生能源的消耗，不具备长期大规模应用基础。天然气制氢和煤（焦）制氢技术已经完全成熟，并且工艺和设备基本实现国产化。由于我国"富煤、缺油、少气"的资源特点，仅有少数地区可以探索开展天然气制氢。天然气制氢平均成本明显高于煤制氢。煤制氢需要使用大型气化设备，设备投入成本较高，只有规模化生产才能降低成本，因此适合中央工厂集中制氢，不适合分布式制氢。受原料价格和资源约束影响，目前国内新上炼厂主要以煤制氢作为主要制氢手段。天然气成本占到天然气制氢73%以上，煤炭成本占到煤制氢54%以上。2021年，我国氢气产量达$3.3×10^7$ t，其中仅高温炼焦和低阶煤分质利用中低温热解副产的氢气就接近$1×10^7$ t。灰氢主要生产企业包括中国神华、美锦能源、东华能源、中国石油、中国石化，主要以掌握煤炭、石油、天然气资源的国有企业为主，天然气制氢产能来自于掌握天然气资源的中国石化。

中国石化在我国氢能源行业和国内氢气制取市场的产能/产量上处于领先地位，凭借石油化工的强大实力，氢气产能达到350万吨/年；中国石油氢气产能超过260万吨/年。煤炭制氢主要集中于宁夏宁东能源基地、内蒙古鄂尔多斯等煤炭产区，天然气、炼油重整制氢则多分布在沿海地区，如青岛、宁波等大型石化炼化基地。

（二）氢能发电的分类

氢能发电的分类可以从不同的角度进行划分。根据制氢能源分类可分为，化石能源，如煤和天然气制氢；可再生能源，如太阳能、风能、水力能等，通过直接或间接的方式制氢；核能，可以直接或间接制氢。根据制取方式和碳排放量的不同可分为，灰氢，通过化石燃料转化反应制取，会产生二氧化碳；蓝氢，在灰氢的基础上应用碳捕捉技术；绿氢，通过可再生能源电解水制氢，基本不产生温室气体。根据燃料电池的电解质不同可分为，碱性燃料电池、磷酸型燃料电池、质子交换膜燃料电池、熔融碳酸盐型燃料电池及固体氧化物燃料电池等。

此外，氢能发电也可以根据氢的形态和性质进行分类，如可燃性氢、可溶解氢、溶剂氢、不溶解氢、单离子氢、水合氢、氢离子、复合氢，还可以根据计量分子量的大小进行分类。

（三）氢能发电技术的发展

2023年3月25日，随着南方电网云南电网公司建设的氢储能综合运用示范工程建成投运，固态氢能发电并网率先在广州、昆明同时实现。

为了促进云南丰富的风、光新能源消纳，云南电网公司于2019年立项，开展云南省重大科技专项氢储能促进可再生能源消纳利用及装备技术研究与示范项目。历时4年攻克多项关键技术，建成国内首个集液态、固态储氢于一体的制、储、用氢能综合示范基地。

固态氢能开发项目解决了在常温条件下以固态形式存储氢气的技术瓶颈。氢储能综合运用示范工程的意义在于，让氢气在低压常温状态下把能源储存起来，即使光伏发出的电量有波动也不会对电网造成冲击。目前，昆明整个项目存储的165 kg氢能，在用电高峰时可持续稳定出力23 h、发供电$2.3×10^3$ kW·h。

氢能是我国的战略能源，氢气管道仍是长距离氢能输送最为高效的方式之一，但我国氢气管道建设量相对较少，一定程度上影响了氢能产业化步伐。为助力我国氢能产业高质量发展，中国科技产业化促进会组织中国石油管道工程有限公司等单位起草了《氢气管道工程设计规范》。该项标准系统地规范了氢气输送管道工程设计工作的流程和技术要求，提升了氢气管道工程设计工作的先进性和合理性，为氢气管道工程设计工作提供了技术支撑，有效保证了氢气管道工程设计质量。

（四）氢能发电技术标准

1. 国际氢能发电标准

国际标准方面，ISO已发布的现行有效的氢能标准共计48项。其中，ISO/TC 197（氢能）已发布氢能制、储、运、加相关国际标准18项，ISO/TC 22（道路车辆）已发布氢燃料电池汽车国际标准6项、掺氢天然气汽车国际标准13项。IEC/TC 105（燃料电池技术）已发布燃料电池系统及其零部件的技术要求、测试、安全相关国际标准16项。

相关国家方面，美国已发布氢能相关标准115项，日本已发布氢能相关标准22项，欧盟已发布氢能相关标准29项，德国已发布氢能相关标准31项。总体而言，美国的氢能标准体系较为完整，在氢安全、制氢、氢储运、加氢站、氢能应用领域都制定了配套标准。

2. 我国氢能发电相关标准

我国制定了"十四五"氢能标准化工作计划，深入开展氢能标准化工作。在国家能源局、国家标准化管理委员会等部门的指导下，贯彻落实《氢能产业发展中长期规划（2021—2035年）》的要求，进一步完善我国氢能全产业链标准体系，重点围绕可再生能源电解水制氢、高压氢气储运、液氢制备和运输、加氢站系统和装备、氢能检测、氢能评价、氢储能等方面开展氢能国家标准、行业标准、团体标准制修订和预研究工作。组建绿氢、气态氢储运、氢液化和液氢储运、氢冶金等标准工作组，加快推动关键技术标准研制和预研究工作。加强氢能标准的培训宣传工作，开展氢能标准试点示范，强化氢能标准实施应用；开展氢能领企标"领跑者"培育工作，以标准为抓手，推动氢能企业提升技术水平和产品质量。

构建氢能质量基础设施体系。联合高等院校、科研院所、龙头企业、检测和认证机构等，以标准为抓手，开展氢能全产业链产品、装备等的检验检测，建立氢能技术与产品认证体系，逐步健全标准、计量、检测、认证一体的氢能质量基础设施体系，为政府引导和监督氢能产业高质量发展提供技术支撑。推动氢能国际标准化工作。深入开展国际标准化培训和宣传工作，不断提升我国专家的国际标准化工作水平，鼓励国内更多技术专家参与国际标准制定；广泛联合国内科研院所、高等院校、龙头企业等，推动将我国优势技术转化成国际标准，充分发挥标准对氢能产业的规范和引领作用。加强与欧盟氢能与燃料电池联盟（FCH JU）、国际氢能协会（IAHE）、氢能经济国际合作组织（IPHE）等国际机构和组织的合作交流，不断提升我国氢能技术水平和国际影响力，联通各国氢能贸易往来。持续开展前瞻性战略研究，立足碳达峰碳中和目标愿景，持续开展氢能政策规划、标准体系、技术经济性、环境影响、评价方法等方面的研究，为政府决策、企业规划、标准研制提供参考。

截至2022年3月，国家标准化管理委员会已批准发布氢能领域国家标准101项，涵盖术语、氢安全、制氢、氢储存和输运、加氢站、燃料电池及其应用等方面。其中，31项归口在全国氢能标准化技术委员会（SAC/TC 309），39项归口在全国燃料电池及液流电池标准化技术委员会（SAC/T C34），14项归口在全国汽车标准化技术委员会（SAC/TC 114）。

从国家标准分布情况看：在氢制备方面，制定了水电解制氢、变压吸附提纯制氢、太阳能光催化制氢等国家标准；在氢储存和输运方面，制定了固定式高压储氢容器、加氢站用储氢装置等国家标准；在加氢站方面，制定了加氢站技术规范、加注连接装置、移动式加氢设施等国家标准；在燃料电池方面，制定了燃料电池系统及零部件的技术要求和测试评价方法等国家标准；在氢能应用方面，制定了氢燃料电池汽车、燃料电池备用电源、便携式燃料电池发电系统、固定式燃料电池电系统等国家标准。

▶ **引导问题6：** 请简述我国新能源发展现状。

_____
_____
_____
_____

相关阅读6

新型电力系统中，水、风、光等非化石能源发电将逐步成为装机主体和电量主体。然而，从全国看，这些清洁能源的资源和需求一直存在逆向分布问题，水能资源主要集中在西南地区，风、光资源大部分集中在"三北"地区，而用电负荷主要位于东中部和南方地区。

与煤炭方便远距离运输不同，水、风、光等资源只能就近转化为电能，再通过电网送到负荷中心。这样一来，推动跨省跨区输电通道"联网"、省内主网架"补网"，提升电力资源配置能力就显得尤为重要。

截至2022年年底，国家电网累计建成33项特高压工程。"十四五"期间，国家电网将持续完善特高压和各级电网网架，服务好沙漠、戈壁、荒漠大型风电、光伏基地建设，支撑和促进大型电源基地集约化开发、远距离外送，力争2025年公司经营区跨省跨区输送电量中，清洁能源电量占比达到50%以上。

风、光等新能源，具有间歇性、随机性、波动性等特点，随着其大规模高比例接入，除了保障"送得出去"，还要着力解决弃风弃光问题，推动"消纳得了"。这就需要它们与煤电、气电等常规电源"打好配合"。比如，风电光伏出力高峰时，常规电源就需压低发电出力或为其让路，而这也意味着常规电源发电收入减少。

国家能源局数据显示，2022年，通过辅助服务市场化机制，全国共挖掘全系统调节能力超过$9×10^7$ kW，年均促进清洁能源增发电量超过$1×10^{11}$ kW·h；煤电企业由辅助服务获得的补偿收益约320亿元，灵活性改造的积极性有效提升。

▶ **引导问题7：** 请收集整理我国新能源相关政策。

_____
_____
_____

五、准备决策

完成以上课程中的引导问题。

六、工作实施流程

组织开展小组研讨和交流，完成引导问题，并形成小组成果进行分享。

七、评价反馈

1. 学生自评

学生自评表见表1-1-4所列。

表1-1-4　学生自评表

序号	任务	完成情况记录
1	是否按计划时间完成（15）	
2	相关理论完成情况（15）	
3	任务完成情况（50）	
4	任务创新情况（10）	
5	收获（10）	

2. 学生互评

学生互评表见表1-1-5所列。

表1-1-5　学生互评表

序号	评价内容	小组互评	签名
1	是否按计划时间完成（15）		
2	完成上交情况（20）		
3	完成质量（25）		
4	语言表达能力（15）		
5	小组合作面貌（15）		
6	创新点（10）		

3. 综合评价要点

（1）所有引导问题回答完整，要素齐全（40%）；

（2）能用自己的语言流利阐述问题的分析（30%）；

（3）能通过分析引发思考（20%）；

（4）回答的内容能结合新技术、新标准、新设备等知识（10%）。

八、拓展思考

除了本任务介绍的新能源发电技术之外，请尝试了解其他种类的新能源发电技术，如地热能等。

任务二　储能技术探索

一、学习情境描述

随着"双碳"目标的推进和新能源发电技术的飞速发展，我国电力能源结构正经历着巨大的变革。传统的能源供应模式逐渐被打破，新能源在发电领域的占比不断提高，但同时也带来了发电侧和用户侧的不确定性。为了应对这些挑战，构网型储能和虚拟电厂作为创新解决方案应运而生。储能技术能够有效地储存电能，平衡供需波动，提高电力系统的稳定性和可靠性。虚拟电厂则通过整合各类分布式能源资源，实现对电力的优化调度和管理。它们的出现不仅有助于保障人民群众的用能需求，还能提升能源利用效率，促进可持续发展。本任务中，我们一起来认识电化学储能技术和物理储能技术（抽水蓄能）。

二、学习目标

1. 知识目标

（1）能够说出两种储能技术及相关原理；

（2）能够说出储能技术发展的必要性；

（3）能够简要说出我国储能技术发展现状。

2. 技能目标

（1）能简要阐述两种储能技术的基本原理；

（2）通过对我国能源发展现状的资料和国家新能源政策的资料进行分析，能阐述新能源发电技术和储能技术的联系；

（3）培养资料阅读能力和分析能力，能在海量阅读中找准关键点。

3. 思政目标

（1）培养对储能技术知识的兴趣，建立科学的学习方法；

（2）以小组的形式开展学习讨论，培养交流沟通能力和语言表达能力，建立协作理念。

三、任务书

对多种储能技术建立基本认知，尝试了解我国储能技术相关政策。

四、任务咨询

▶ **引导问题1：** 谈谈你对电化学储能的基本认识。

（1）请简述电化学储能的基本结构。

_____

_____

_____

（2）请简述常见电化学储能分类。

_____

_____

_____

_____

（3）查阅相关资料，并简述电化学技术发展现状。

_____

_____

_____

_____

相关阅读1

（一）电化学储能资源

1. 电化学储能的特点

（1）能量密度高：电化学储能技术能够存储大量的能量，使其成为大规模储能技术的发展方向。

（2）响应时间快：电化学储能技术具有快速的充放电能力，能够快速响应电力系统的需求。

（3）维护成本低：相比其他储能技术，电化学储能的维护成本较低，能够降低运营成本。

（4）灵活方便：电化学储能技术可以根据不同的应用需求灵活配置功率和能量，适用于多种场景。

（5）高循环效率：现代电化学储能系统的整体效率可以达到80%～95%，通过技术创新和系统优化，不断提高效率。

2. 我国电化学储能资源分布特点

截至2022年年底，全国已投运的电化学储能电站排名前三的省（自治区、直辖市）依次是山东、江苏、宁夏。新增投运的电化学储能电站排名前三的省（自治区、直辖市）依次是宁夏、山东、内蒙古。

2022年，全国新增的储能电站中，大型电站占比最高。具体来看，新增投运中型电站114座，总能量2.92 GW·h，占比37.15%；大型电站19座，总能量4.64 GW·h，占比59.03%；小型电站新增总能量占比3.82%。

截至2022年年底，全国已投运的电化学储能电站累计装机主要分布在电源两侧，总能量6.80 GW·h，占比48.40%；其次为电网侧和用户侧，分别占比38.72%和12.88%。

（二）电化学储能技术现状与发展

1. 电化学储能的分类

电化学储能技术电池根据所用电解质的不同，可以分为多种类型。

（1）铅酸电池：是最早商业化应用的电化学储能电池之一，使用硫酸作为电解质，具有成本低、可靠性好等特点，但能量密度较低，循环寿命较短。

（2）镍氢电池：使用氢氧化钾作为电解质，具有高能量密度、长循环寿命等特点，但成本较高。

（3）镍镉电池：使用氢氧化钾或氢氧化钠作为电解质，具有较高的能量密度和循环寿命，但存在记忆效应和环境污染问题。

（4）锂离子电池：是目前应用最广泛的电化学储能电池之一，使用锂盐作为电解质，具有高能量密度、长循环寿命、低自放电率等特点，但成本较高。

（5）钠硫电池：使用熔融的钠和硫作为电极材料，具有高能量密度、长循环寿命等特点，但存在高温运行和安全性问题。

（6）液流电池：使用液态电解质，具有高能量密度、长循环寿命、可扩展性好等特点，但成本较高。

2. 电化学储能的基本结构

电化学储能的基本结构主要包括三个核心组件：电池管理系统（BMS）、储能变流器（PCS）和能量管理系统（EMS）。

（1）电池管理系统。

电池管理系统在电化学储能系统中扮演感知角色，主要负责电池的安全管理。它不仅监测电池的状态、评估其性能，还保护电池免受损害，并确保电池单元之间的均衡。作为连接电芯与储能系统/储能电站的桥梁，BMS实现了智能化管理，确保电池在良好状态下运行，为储能系统的安全与稳定提供了坚实保障。

（2）储能变流器。

储能变流器，又称双向储能逆变器，是储能系统中实现电能双向流动的重要部件。它控制储能电池组的充电和放电过程，实现交直流的灵活转换。在全球储能市场迅猛发展的背景下，PCS的需求日益增长，为储能系统的高效运行提供了有力支持。

（3）能量管理系统。

能量管理系统是电化学储能系统中的决策中枢，负责数据采集、网络监控和能量调度等任务。通过收集和分析能源数据，智能制定运行策略，优化场景策略选择和切换，实现微网区块链灵活、自主、安全的能源交易。EMS能确保储能系统的稳定运行和高效管理，可以比作储能系统的大脑。

这三个组件在电化学储能系统中形成紧密的协同关系，共同确保储能系统的安全、高效和稳定运行。

3. 电化学储能技术的发展

电化学储能技术发展迅速且具有重要意义。到2020年9月底，全球电化学储能的累计装机容量达到了186.1 GW，而中国的累计装机容量达到了33.1 GW。电化学储能技术的年复合增长率（2015—2019）为79.9%，这表明它在全球范围内的影响力日益增强。

随着环保意识的提升和对可再生能源需求的增加，电化学储能技术作为清洁能源的重要组成部分，迎来了快速发展的机遇。特别是在中国，预计到2024年年底，电化学储能市场累计规模可能会超过15 GW。

此外，锂离子电池、钠硫电池、全钒液电池等电化学储能技术的突破，不仅促进了储能系统的电站建设，还推动了配套一站式智慧运维平台的发展。例如，华自科技就取得了储能单元充放电控制方法的专利，该技术可以有效高效地控制储能单元进行充放电，提高电能利用率和经济效益。

（三）电化学储能相关技术标准

1. 国际标准

目前，由国际电工委员会（IEC）制定的关于电化学储能的标准较为全面，包括储能系统的性能、安全、测试方法、安装和维护等方面的标准。以下是一些关键的国际标准。

IEC 62619—2022：含碱性或其他非酸性电解质的二次电池和电池系统的安全要求。该标准规定了储能电池在正常使用和可预见的异常情况下的安全要求，包括电池的构造、性能测试、安全性能等方面的要求。

IEC 61965-2—2020：电化学储能系统的性能测试方法。该标准规定了电化学储能系统的性能测试方法，包括能量效率、响应时间、充放电能力等方面的测试方法。

IEC 62933—2018：电化学储能系统的安装和维护。该标准规定了电化学储能系统的安装和维护要求，包括系统的设计、安装、调试、运行维护等方面的要求。

IEC 62940—2018：电化学储能系统的通用指导。

2. 我国主要标准

我国电化学储能技术的主要标准如下。

《全钒液流电池用电堆技术条件》：规定了全钒液流电池用电堆的技术要求，包括电堆的设计、制造、试验和验收等方面。

《全钒液流电池用电解液回收要求》：对全钒液流电池用电解液的回收提出了具体要求，包括回收方法、处理过程等。

《锌基液流电池系统测试方法》：规定了锌基液流电池系统的测试方法，包括电池的性能测试、寿命测试和安全性测试等。

《锌基液流电池安全要求》：对锌基液流电池的安全性提出了具体要求，包括电池的防火、防爆、防漏电等方面。

《锌基液流电池安装技术规范》：对锌基液流电池的安装提出了具体规范，包括电池的选址、布局、安装和调试等。

《铁铬液流电池用电解液技术规范》：对铁铬液流电池用电解液的技术要求进行了规范，包括电解液的配方、制备和储存等。

▶ **引导问题2：** 谈谈你对抽水蓄能的基本认识。

（1）请简述抽水蓄能的基本工作原理。

_____
_____
_____
_____

（2）请简述常见的抽水蓄能分类。

_____

_____

_____

_____

（3）查阅相关资料，并简述抽水蓄能技术的发展现状。

_____

_____

_____

_____

相关阅读 2

（一）抽水蓄能资源

1. 抽水蓄能的特点

抽水蓄能是一种将电能转换为势能进行储存，在需要时再将势能转换为电能的发电技术。抽水蓄能作为一种成熟且可靠的储能技术，其特点使其成为电力系统中不可或缺的一部分，尤其是在可再生能源比例不断增加的背景下，对于提高电力系统的稳定性和灵活性具有重要意义。其具有以下特点。

（1）长寿命：抽水蓄能电站的设计寿命通常超过50年，有的甚至可以达到80～100年。

（2）高转换效率：抽水蓄能的转换效率通常在70%～85%，这意味着在储存和释放电能的过程中，能量损失相对较低。

（3）大容量：抽水蓄能电站可以建设成为具有较大装机容量的电站，这对于调节电力系统的负荷非常有帮助。

（4）快速响应：抽水蓄能电站可以在很短的时间内从满负荷运行到空载，反之亦然，这使得它们非常适合作为电力系统的调峰和备用电源。

（5）持续放电时间长：抽水蓄能电站可以在需要时持续放电数小时，甚至数天，这取决于其储能容量。

（6）环境友好：抽水蓄能电站通常建在山区，对环境的影响相对较小，且不产生温室气体排放。

（7）灵活性：抽水蓄能电站可以根据电力系统的需求灵活地调整其运行模式，既可以发电也可以抽水蓄能。

2. 我国抽水蓄能资源分布的特点

我国抽水蓄能产业经过多年发展，产业链体系已基本形成。如图1-2-1所示，我国抽水蓄能装机容量增长趋势明显，2021年，我国抽水蓄能装机容量为36.39 GW，较2020年增长15.56%。在政策引导下，抽水蓄能电站将进一步加快，国家能源局发布的《抽水蓄能中长期发展规划（2021—2035年）》提出，到2025年投产总规模达62 GW以上，2030年达120 GW。

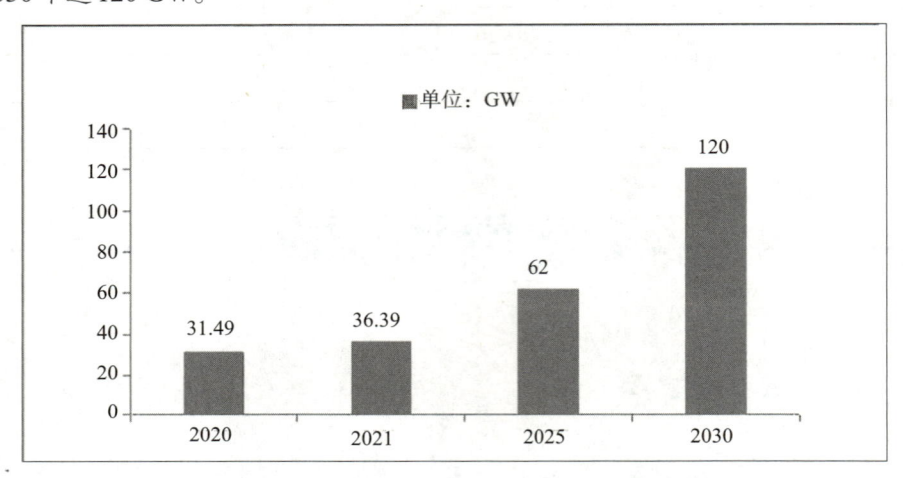

图1-2-1　2020—2030年我国抽水蓄能装机容量预测趋势图

目前，我国已纳入规划的抽水蓄能站点资源总量约$8.23×10^8$ kW。2022年年底，已建装机规模$4.579×10^7$ kW，核准在建装机规模约$1.21×10^8$ kW，另有139个项目通过了预可行性研究报告审查，总装机规模约$1.77×10^8$ kW。2023年各省（自治区、直辖市）抽水蓄能建设规模如图1-2-2所示。

（1）广泛分布：我国的抽水蓄能资源分布广泛，遍布全国大多数省份。

（2）资源丰富：我国拥有丰富的抽水蓄能资源，特别是在一些山区和丘陵地带，这些地区的地形条件适合建设抽水蓄能电站。

（3）与用电负荷中心接近：许多抽水蓄能资源分布在用电负荷中心附近，这有利于减少输电损失，提高电力系统的运行效率。

（4）多样化的站址条件：我国抽水蓄能站址的地形、地质、水文等条件多种多样，这为建设不同类型和规模的抽水蓄能电站提供了可能性。

（5）与可再生能源分布互补：在一些可再生能源资源丰富的地区，如风能和太阳能资源丰富的"三北"地区和东部沿海地区，抽水蓄能资源的分布与之互补，有利于提高可再生能源的利用率。

我国的抽水蓄能资源分布广泛、资源丰富，且与用电负荷中心接近，为建设抽水蓄能电站提供了有利条件。此外，抽水蓄能资源与可再生能源分布的互补性，有利于构建清洁、低碳的能源体系，提高能源利用效率。

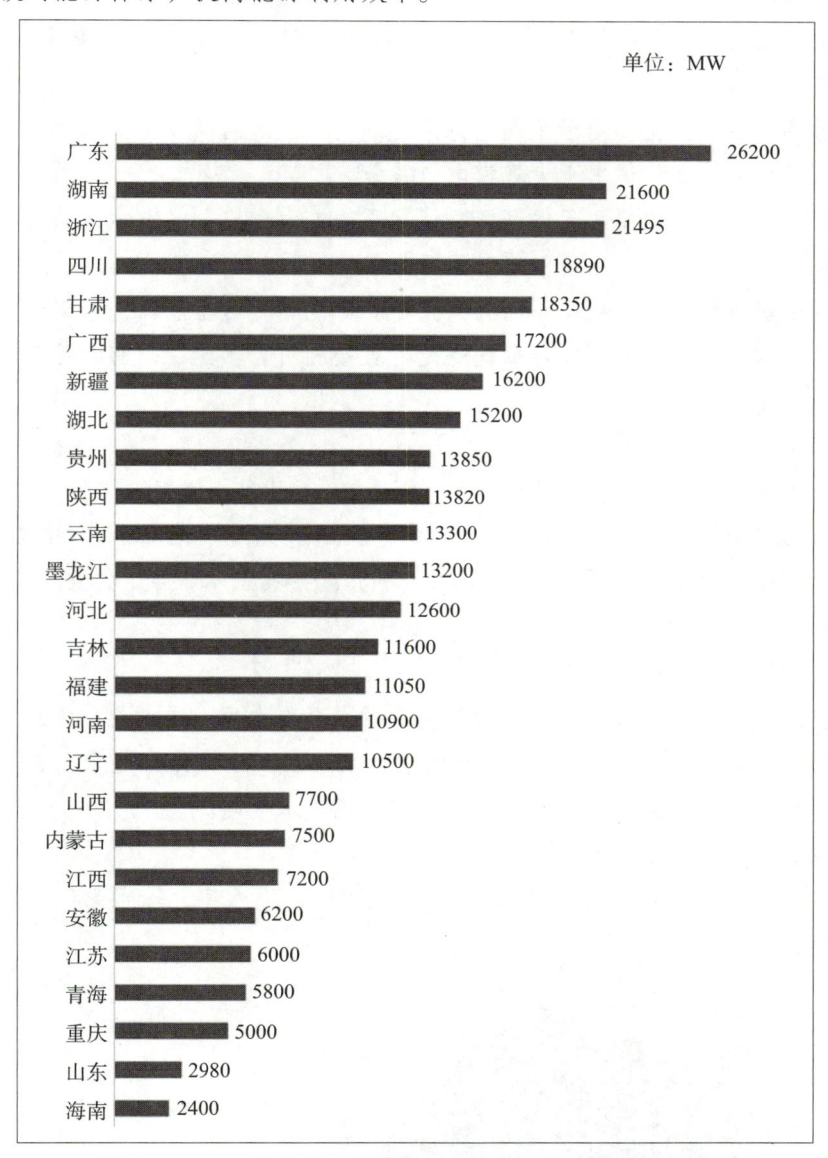

单位：MW

省份	规模
广东	26200
湖南	21600
浙江	21495
四川	18890
甘肃	18350
广西	17200
新疆	16200
湖北	15200
贵州	13850
陕西	13820
云南	13300
黑龙江	13200
河北	12600
吉林	11600
福建	11050
河南	10900
辽宁	10500
山西	7700
内蒙古	7500
江西	7200
安徽	6200
江苏	6000
青海	5800
重庆	5000
山东	2980
海南	2400

图 1-2-2　2023 年各省（自治区、直辖市）抽水蓄能建设规模

（二）抽水蓄能技术现状与发展

1. 抽水蓄能的分类

（1）按照储水方式分类。

①地下抽水储能：通过在地下水库中抽水将水储存起来，并在需要时放水发电。地

下抽水储能的优点是具有较高的储能效率，并且对环境影响较小，不会占用土地资源。但是，建设成本相对较高。

②地表抽水储能：通过在地面水库中抽水将水储存起来，并在需要时放水发电。地表抽水储能的优点是建设成本相对较低，但受水库规模限制，储能效率较低。

（2）按照用途分类。

①电力调峰储能：主要用于平衡电力系统的负荷，达到调节负荷的目的。电力调峰储能的优点是可靠性高，适用于大规模电力系统。

②备用电力储能：主要用于保证紧急情况下的电力供应，保障电力系统突发事件的安全性。备用电力储能的优点是储能时间短，但储能和放电速度快。

③可再生能源储能：主要用于储存太阳能和风能等可再生能源，以实现调峰、保障电网稳定等目的。可再生能源储能的优点是可直接利用自然能源，有利于节约能源和减少碳排放。

（3）按照工作原理分类。

①上水式抽水储能：将水由下游抽到上游储存，在水从上游下泄过程中发电。

②下水式抽水储能：将水由上游抽到下游储存，在水从下游抽到上游过程中发电。

③混合式抽水储能：上下游之间设置水轮机，实现上水下电、下水上电两种方式发电。

2. 抽水蓄能的基本结构

抽水蓄能电站利用电力负荷低谷时的电能抽水至上水库，通过这种方式将其他电源（包括火电站、核电站和水电站）的多余电能，抽水至上水库储存起来，在电力负荷高峰期再放水至下水库发电。抽水蓄能电站又称蓄能式水电站。

（1）抽水蓄能水电站的组成。

如图1-2-3所示，抽水蓄能水电站主要由上水库、下水库、输水系统、发电厂房和控制中心等构成。

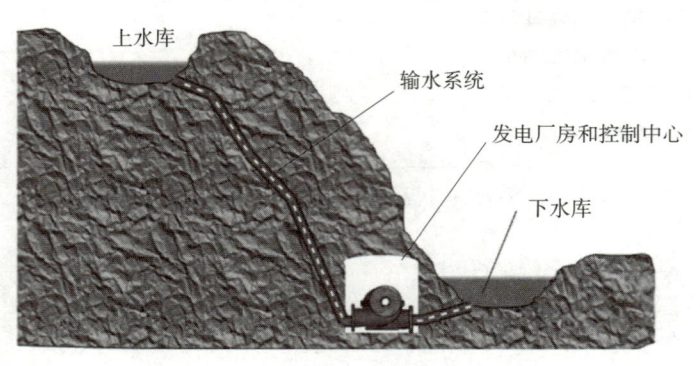

图1-2-3 抽水蓄能水电站的组成

(2) 抽水蓄能原理。

当电网用电量处于低谷值时，把多余的电能用来抽水，即把下游调节池中的水重新提到上游位置，以备再度发电充分利用水资源。这个过程是电能转化为机械能，再转化为水的势能。

(3) 抽水蓄能发电过程。

当电力高峰时，放水发电，水的势能转化为成动能，推动水轮机转动，再转化为电能。

3. 抽水蓄能技术的发展

抽水蓄能技术利用水作为储能介质，通过电能与势能的相互转化实现电能的储存和管理。这项技术最早于1882年在瑞士出现，经过长时间的发展，该技术已经非常成熟。截至2021年年底，全世界抽水蓄能电站装机容量达 $1.65×10^8$ kW，其中我国装机容量 $3.669×10^7$ kW，占世界装机容量的22.2%，成为全球最大的抽水蓄能市场之一。

我国在抽水蓄能技术的发展和应用方面取得了显著成就。自20世纪60年代后期开始，我国抽水蓄能电站的发展经历了多个阶段，特别是在20世纪80年代中后期，随着电力供需和电网调峰矛盾的突出，我国抽水蓄能电站迎来了第一个建设高峰期。随着技术的进步和政策的支持，我国抽水蓄能电站的建设数量和规模不断增长，已成为世界上抽水蓄能装机容量最大的国家。抽水蓄能技术是一种电力储能技术，它通过在电力需求低谷时段将水从下游水库抽到上游水库保存，然后在电力需求高峰时段将水释放，推动水轮机发电。这项技术在我国的发展历程可以追溯到20世纪60年代末。

这项技术的关键技术包括大型抽水蓄能电站选址技术、高坝工程技术、高水头大容量水泵水轮机和发电/电动机及智能调度与运行控制技术。抽水蓄能技术相对比较成熟，电站装机容量一般为100～3000 MW，单机容量不超过500 MW，额定水头一般小于1000 m。

发展至今，我国在抽水蓄能技术方面已经取得了显著的进展。例如，东方电机厂和哈尔滨电机厂通过技术引进与自主研发，实现了抽水蓄能机组的国产化，并在高水头、大容量、高转速抽水蓄能机组研发方面取得了突破性进展。

目前，抽水蓄能电站技术研发主要集中于以下几个方面。

(1) 高抗拉强度和焊接特性的新材料的开发及运用；

(2) 水轮机数值仿真与优化设计技术的应用、结构和流体的一体化设计；

(3) 高水头、高转速、大容量化抽水蓄能机组以及分档或连续变速抽水蓄能机组，沥青混凝土结构在水坝建设中的应用；

(4) 信息化施工技术，TBM隧道掘进机开挖技术；

(5) 在系统集成方面主要发展抽水蓄能电站无人化管理以及集中式管理控制技术。

这些技术的发展，不仅提升了抽水蓄能电站的效率和可靠性，也为可再生能源的大

规模并网和电动汽车储电等国家能源电力重大需求提供了有力支持。

我国抽水蓄能技术的发展进入了快车道。《抽水蓄能产业发展报告（2021年度）》显示，"十四五"期间是加快推进抽水蓄能高质量发展的关键时期，预计到2025年，我国抽水蓄能电站装机容量将达到 6.2×10^7 kW 以上。此外，新的投资主体将进入抽水蓄能电站投资建设中，形成央企、国企、民企等同参与、共建设的多元化局面。

抽水蓄能技术的发展不仅提高了电力系统的调节能力和稳定性，还对促进新能源大规模发展、保障电力系统安全运行起到了重要作用。随着技术的不断进步和政策的持续支持，抽水蓄能技术将在未来电力系统中发挥更加重要的作用。

（三）抽水蓄能相关技术标准

1. 国际标准

抽水蓄能技术的国际标准主要涉及抽水蓄能电站的规划、设计、施工、安装、运行、维护和管理等方面的标准。这些标准通常由国际电工委员会（IEC）等国际标准化组织制定，旨在确保抽水蓄能电站的安全、可靠、高效运行，同时也考虑到环境保护和经济性的要求。

具体来说，这些国际标准可能包括但不限于以下内容。

（1）IEC 62167：这项标准涉及抽水蓄能机组的功能和性能要求，包括机械和电气部件的性能参数、运行条件、测试方法和验收标准等。

（2）IEC 60986：关于抽水蓄能电站的动力设备，如水泵水轮机和电动发电机组的模型验收试验的标准。

（3）IEC 62347：这项标准涉及抽水蓄能电站中的电力电子设备，如变流器和控制系统的性能和测试要求。

（4）IEC 62446：关于抽水蓄能电站并网运行的标准，包括并网条件、运行特性、保护和安全自动装置的要求等。

（5）IEC 62571：关于抽水蓄能电站的环境影响评估和环境保护措施的标准。

（6）IEC 62576：关于抽水蓄能电站经济性评估的标准，包括投资成本、运行成本、收益预测和经济性分析方法等。

2. 我国主要标准

近日，国家能源局印发《抽水蓄能中长期发展规划（2021—2035年）》（简称《规划》）。《规划》指出，到2030年，抽水蓄能投产总规模达 1.2×10^8 kW 左右；到2035年，形成技术先进、管理优质、国际竞争力强的抽水蓄能现代化产业。

在构建以新能源为主体的新型电力系统，实现碳达峰碳中和目标的推动下，抽水蓄能技术的发展进入了快车道。面对抽水蓄能产业呈现出的蓬勃发展态势，要做强做优做大抽水蓄能行业，必须充分发挥技术标准的基础性、引领性和战略性作用，助推技术创新，引领产业升级。

2017年，中国电力企业联合会抽水蓄能标准化技术委员会成立，我国抽水蓄能标准化建设工作迈出了关键一步。抽水蓄能行业有现行国家标准11项、行业标准18项、团体标准7项，各企业自行制定的技术标准百余项，内容涵盖抽水蓄能规划、设计、施工、调试和运维检修等各方面。

2008年，国网新源控股有限公司以河南宝泉抽水蓄能电站工程为依托，对通过水泵启动抽水蓄能首台机组开展立项研究并实现首次工程应用。在2011年发布和实施的国家标准《可逆式抽水蓄能机组启动试运行规程》中，水泵启动抽水蓄能机组被列为推荐方式。

抽水蓄能电站首台机组有水轮机工况和水泵工况两种启动方式。对于上水库无天然来水的电站，水轮机启动方式需要供水系统向上水库充水几个月才能开始启动调试机组水轮机工况。而水泵启动方式则不需要这一过程，缩短了向上水库充水的时间，降低了蓄水费用，提升了上水库施工效率，经济效益显著。

目前，抽水蓄能行业标准化建设虽然取得了一批重要成果，但仍然面临核心标准总量不足、标准体系存在结构性欠缺、标准生成效率与实际需求存在矛盾等问题。

抽水蓄能是当前技术最成熟、全生命周期碳减排效益最显著、经济性最优且最具大规模开发条件的电力系统灵活调节电源，在保障大电网安全、服务清洁能源消纳、促进电力系统优化运行中发挥着基础作用，具备"源网荷储"全要素特性，是新型电力系统的重要组成部分。随着《抽水蓄能中长期发展规划（2021—2035年）》的发布及相关配套政策的落地，抽水蓄能行业将呈现井喷式发展。

目前，《抽水蓄能电站选点规划编制规范》《抽水蓄能电站水能规划设计规范》《抽水蓄能电站无人值班技术规范》《抽水蓄能电站生产准备导则》和《抽水蓄能电站输水系统充排水技术规程》等5项行业标准英文翻译版已经发布和实施，推动了我国技术标准"走出去"。

《智能水电厂技术导则》IEC/IEEE 63198—2775项目是我国在水电领域首次牵头编写的国际标准。项目对常规水电站和抽水蓄能电站智能化布局提出了前瞻性的方案，为世界范围内的水电行业提供了智能化建设的参考，提升了我国的创新形象和在水电技术领域的国际话语权。

长期以来，抽水蓄能电站经济评价工作主要以1998年原电力工业部印发《抽水蓄能电站经济评价暂行办法》（电计〔1998〕289号）、1999年原国家电力公司印发《抽水蓄能电站经济评价暂行办法实施细则》（国电计〔1999〕47号）为依据，距今已二十多年。

随着"双碳"目标提出，《中共中央 国务院关于完整准确全面贯彻新发展理念做

好碳达峰碳中和工作的意见》（中发〔2021〕36号）、《国务院关于印发2030年前碳达峰行动方案的通知》（国发〔2021〕23号）等重要指导文件出台，《抽水蓄能中长期发展规划（2021—2035年）》印发，抽水蓄能产业迎来新发展机遇。与此同时，随着电力市场体制不断深化、抽水蓄能电站电价机制不断完善，亟须编制《抽水蓄能电站经济评价规范》，规范和支持行业健康有序发展。

五、准备决策

完成以上课程中的引导问题。

六、工作实施流程

组织开展小组研讨和交流，完成引导问题，形成小组成果并进行分享。

七、评价反馈

1. 学生自评

学生自评表见表1-2-1所列。

表1-2-1　学生自评表

序号	任务	完成情况记录
1	是否按计划时间完成（15）	
2	相关理论完成情况（15）	
3	任务完成情况（50）	
4	任务创新情况（10）	
5	收获（10）	

2. 学生互评

学生互评表见表1-2-2所列。

表1-2-2　学生互评表

序号	评价内容	小组互评	签名
1	是否按计划时间完成（15）		
2	完成上交情况（20）		
3	完成质量（25）		
4	语言表达能力（15）		
5	小组合作面貌（15）		
6	创新点（10）		

3. 综合评价要点

（1）所有引导问题回答完整，要素齐全（40%）；

（2）能用自己的语言流利阐述对问题的分析（30%）；

（3）能通过分析引发思考（20%）；

（4）回答的内容能结合新技术、新标准、新设备等知识（10%）。

八、拓展思考

除了本任务介绍的储能技术之外，请尝试结合新能源发电技术，了解具备储能能力的新能源发电技术，如光热发电技术等。

模块二　实训现场安全认知

任务一　实训现场认知

一、学习情境

在电力实训现场，安全至关重要。它是一切工作的基石，是保障生命和财产的关键防线。在电力教育培训中，一直以"培训现场就是生产现场"的要求来规范培训过程。电力实训涉及高电压、大电流、高处作业等潜在危险，任何疏忽都可能导致严重的后果。只有严格遵守安全规定，保持高度的警惕性，才能预防事故的发生，确保实训的顺利进行。因此，明确实训现场设施设备的功能和分区，认识各实训区域的危险点和对应的预控措施，对于每一个进入实训场地的人员来说都非常重要。本任务旨在让参加现场实训的学员认识实训环境，了解实训现场的危险点和预控措施，提高安全生产意识，养成遵章守纪的意识。

二、学习目标

1. 知识目标

（1）能够准确定位各个实训区域，并说出各区域可开展的实训任务；

（2）能够准确说出各个实训区域的危险点和对应的预控措施。

2. 技能目标

能够根据实训现场任务分区，准确说出各个实训区存在的危险点，并掌握对应的预控措施。

3. 思政目标

（1）培养安全合规意识，提高对实训现场的安全警惕性；

（2）提升团队协作能力，做到实训现场"四不伤害"；

（3）以小组的形式开展学习讨论，培养交流沟通能力和语言表达能力，建立协作理念。

三、任务书

对实训现场的分区和功能建立认知,并能阐述每个实训场地的危险点和对应的预控措施。

四、任务咨询

▶ 引导问题1: 认识实训现场区域和功能。

(1)本实训基地有哪些实训区域?

_____
_____
_____

(2)请阐述本次实训区域将开展的实训任务。

_____
_____
_____
_____

▶ 引导问题2: 认识实训现场危险点并掌握对应预控措施。

(1)请罗列本次实训区存在的危险点和对应的预控措施。

_____
_____
_____

(2)请罗列本次实训其他安全注意事项。

_____
_____
_____
_____

相关阅读 1

（一）青峰岭教学电厂介绍

国网四川省电力公司技能培训中心（四川电力职业技术学院）青峰岭教学电厂位于崇州市怀远镇文井江出口处，背靠邛崃山脉，面向川西平原，占地168亩（1亩≈667 m²），是国内最早建成投运的一座集生产发电、教学培训、科学研究为一体的水力发电教学电厂。电厂由成都水力发电学校（现四川电力职业技术学院）自行勘测、设计，于1973年11月动工，1979年12月第一台机组投产发电，1984年年底第二、三台机组相继投产发电。电厂由进水枢纽、引水渠道、无压隧洞、前池、压力钢管、厂房、尾水渠等建筑物组成，设计水头34 m，设计引用流量14.4 m³/s，总装机容量3750 kW，是一座典型的无调节低坝引水式水电站。2022年12月30日，电厂关停水电机组，结束近半个世纪的发电历程，累计发电量超$9×10^8$ kW·h，安全运行15 705天，开展电力技能培训超25万人次。

在新的起点上，青峰岭教学电厂加快业务转型，于2022年新建容量为31 kW的光伏培训区，为提升培训效果，丰富培训形式，采取了固定式、单轴跟踪、双轴跟踪多种光伏支架，并在2023年新增光伏容量120 kW，新建2台20 kW对托式风机，构成风光发电培训区。

目前，青峰岭教学电厂设有水电专业生产运行实训区、变配电设备运检实训区、水电专业运维检修实训区、风光运维检修实训区。

（1）水电专业生产运行实训区：设有三台单机容量1250 kW的立式混流式水轮发电机组，并配套建有调速器、油系统、气系统、技术供排水系统。

可开展：水轮发电机组开停机操作、水电运行监控、水轮机巡回检查、发电机巡回检查、水轮机调节系统及装置巡回检查、厂用电设备巡回检查、厂用电切换操作、机组轴承温度升高异常及事故处理。

（2）变配电设备运检实训区：设有6 kV开关室、微机监控中控室、继电保护室、直流室、厂用电室及35 kV升压站。

可开展：变压器（线路）倒闸操作，变压器、开关室、断路器、刀闸及互感器巡回检查。

（3）水电专业运维检修实训区：设有1600 kW轴流转桨式立式水轮发电机组和4000 kW立式混流式发电机组各1台，并配套建有调速器、油系统、气系统、技术供排水系统、水轮发电机组检修等培训功能区，以及钳工、安全工器具、低压电工等专项实训室。

可开展：安全工器具的检查、保管与使用，内径千分尺的检查、保管与使用，外径千分尺的检查、保管与使用，法兰连接操作，压力表拆装，锯割圆钢的操作，制作直径为 50 mm 的 O 型橡胶密封圈，机械零件测绘，在碳钢板上钻、攻螺孔，工件水平测量，发电机空气间隙测量与分析，导叶端立面间隙测量与调整，转轮圆度测量，测量50%开度时导叶开口度（8点），风闸检查及更换闸瓦，顶盖、底环同心度测量与调整。

（4）风光运维检修实训区：设有总装机容量为 147 kW 的光伏阵列及总装机容量为 40 kW 的变桨距风力发电机组。

可开展：光伏发电系统认知、风力发电系统认知、光伏发电设备巡视检查、风力发电设备巡视检查。

（二）青峰岭教学电厂布局

青峰岭教学电厂主要有实训厂房、生产厂房、升压站、学院食堂、运动场、学员宿舍等。

（三）青峰岭教学电厂主接线

目前，青峰岭电厂有三台水力发电机组通过 6 kV 母线并网，然后通过 1 号主变升压后连接至崇州 35 kV 电网或通过 2 号主变升压后连接至崇州 10 kV 电网。负荷包括电厂内部用电负荷和外部负荷，内部负荷包括 1#厂用变、2#厂用变、生活区变、公寓箱变与运维基地箱变所连接的负荷；外部负荷为青大路出线电厂取水口用电负荷，另外青西路、青蜀路和青火路已停用，故出线开关常开。青峰岭教学电厂主接线图如图 2-1-1 所示。

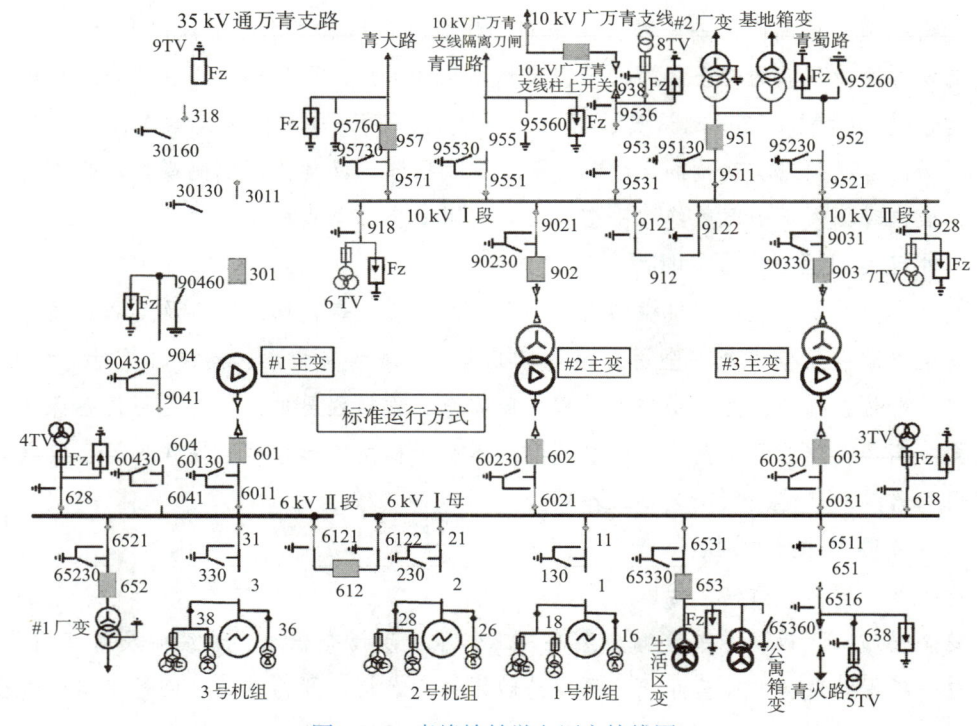

图 2-1-1　青峰岭教学电厂主接线图

在电厂全面关停发电机组后，电厂现有运行方式如下。

所有发电机出口开关常开，6 kV 母线 612 分段开关常闭，6 kV 青火路 651 开关常开，10 kV 母线 912 分段开关常开，10 kV 青蜀路 952 开关常开，10 kV 广万青支路 953 开关常开，10 kV 青西路 955 开关常开，其他开关处于常闭模式。即总原则为：电厂所有用电负荷从崇州 35 kV 通万青支路供电。当 35 kV 侧系统进线侧需要检修时，电厂负荷将由 10 kV 电网转供，即将 35 kV 进线侧 301 开关断开，10 kV 广万青支路 953 开关合闸。

（四）实训场地主要危险点和对应防控措施

1. 水电专业生产运行实训区

危险点：摔伤、碰伤；触电，走错间隔；事故处理时扩大事故范围。

安全措施：正确佩戴安全帽，穿全套工作服，现场有积水、油渍时及时清扫干净；与带电设备保持足够的安全距离，不得跨越围栏和遮栏，严格按照巡回检查路线进行巡检工作，巡检过程中应做到认真、仔细、不遗漏，不做与巡检无关的事；确认工作地点，现场设备必须设有明确的名称和编号；严格按照事故处理流程处理，防止事故扩大化，保人身、保设备、保电网的安全。

2. 变配电设备运检实训区

危险点：摔伤、碰伤；触电，走错间隔。

安全措施：正确佩戴安全帽，穿全套工作服，现场有积水、油渍时及时清扫干净；与带电设备保持足够的安全距离，不得跨越围栏和遮栏，严格按照巡回检查路线进行巡检工作，巡检过程中应做到认真、仔细、不遗漏，不做与巡检无关的事；确认工作地点，现场设备必须设有明确的名称和编号，倒闸操作时必须按照倒闸操作流程进行倒闸操作，操作时必须正确佩戴绝缘手套，正确使用安全工器具。

3. 水电专业运维检修实训区

危险点：摔伤、碰伤；机械伤人，触电；仪器、仪表损坏，设备及工器具损坏。

安全措施：正确佩戴安全帽，穿全套工作服，现场有积水、油渍时及时清扫干净；工作前做好防护措施，防止受伤；严格按照安全工作规程要求，并与运行设备保持足够的安全距离，在作业区设置围栏和悬挂标示牌；严格按照操作规程操作仪器、仪表；正确使用工器具，严格按照工艺要求作业。

4. 风光运维检修实训区

危险点：摔伤、碰伤，触电。

安全措施：正确佩戴安全帽，穿全套工作服，现场有积水、油渍时及时清扫干净；与带电设备保持足够的安全距离，不得跨越围栏和遮栏，严格按照巡回检查路线进行巡检工作，巡检过程中应做到认真、仔细、不遗漏，不做与巡检无关的事。

五、准备决策

参加实训现场安全认知考核，考核合格即可参加现场实训。

六、工作实施流程

统一组织理论考核，合格成绩线为90分。

七、评价反馈

经考核90分以上者即通过考核，可进入下一步现场实训学习。

经考核未达到90分者，需要继续强化相关安全知识教育，参加补考，合格后方可进入下一步现场实训学习。

八、拓展思考

在现场开展实训任务，对安全知识的掌握、对环境的认知非常重要。试分析在电力生产作业现场，还有什么安全方面的注意事项需要掌握？电力行业有什么相关规程对作业现场进行安全规范？

任务二 进入实训现场的准备工作

一、学习情境

进入实训场地，要严格以"培训现场就是生产现场"的要求来规范培训过程。本任务旨在让参加现场实训的学员明确电力生产、实训现场的安全规范要求，并照章严格执行，以避免事故发生。要时刻铭记安全的重要性，将安全意识融入每一个生产、学习环节，共同营造一个安全可靠的实训环境。

二、学习目标

1. 知识目标
（1）能够准确说出进入实训现场的安全着装要求；
（2）能够准确说出应和不同电压等级带电设备保持的最小安全距离；
（3）会正确辨认实训现场的安全标示牌。

2. 技能目标
（1）进入实训场地前正确佩戴安全帽；
（2）能够按照实训现场安全要求，在各个实训场地开展实训任务。

3. 思政目标
（1）培养安全合规意识，提高对实训现场的安全警惕性；
（2）提升团队协作能力，做到实训现场"四不伤害"；
（3）以小组的形式开展学习讨论，培养交流沟通能力和语言表达能力，建立协作理念。

三、任务书

认真学习电力安全生产规程，能熟练阐述并执行生产、实训现场的安全要求。

四、任务咨询

▶ **引导问题1：** 认识电力安全生产规程要求。
（1）请列出与不同电压等级的不停电设备之间应保持的安全距离。

_____
_____
_____
_____

（2）安全组织措施包括哪些制度要求？

（3）什么场合需要填写工作票？

（4）工作票上"三种人"是指哪三种人？分别有什么要求？

（5）安全技术措施有哪些？简要阐述安全技术措施的重要性。

（6）安全标示牌有哪些颜色分类？分别有什么作用？

相关阅读 1

（一）安全组织措施

在电力网络建设、运行和维护工作中，为防止事故发生，保障现场作业人员的安全，必须严格执行《电力安全工作规程》的规定。在作业的整个过程中，必须按照规定

完成保证作业人员的组织措施和技术措施。

其中应遵守的组织措施有现场勘察制度、工作票制度、工作许可制度、工作监护制度与工作间断、转移和终结制度。

1. 现场勘察制度

变电检修（施工）作业，工作票签发人或工作负责人认为有必要现场勘察的，检修（施工）单位应根据作业任务组织现场勘察，并填写现场勘察记录。现场勘察由工作票签发人或工作负责人组织。（引用自《电力安全工作规程—变电部分》6.2）

（1）现场勘察的内容。

现场勘查是在正式作业前，由相关负责人率先去现场，了解现场设备、环境等情况，以及清楚现场的危险点。这一环节对于检修工作而言，是必不可少的一环，也是保证人身、电网、设备安全的重要措施，所以现场查勘负责人应当由完全清楚本次工作的具体工作内容的工作票签发人或工作负责人担任。

（2）在现场勘察时，应当在现场勘查记录报告中记录以下几点。

①现场勘查的基本情况：包括勘查的单位、班组、人员、时间、地点等信息。

②现场设备的双重名称与作业内容：应当在现场勘查记录报告中抄录现场设备的双重名称，详细写出现场作业内容。

③现场设备或现场线路的具体情况：应在现场勘查记录报告中详细描述现场设备、线路目前的具体情况，包括但不仅限于线路的跨越、交叉、相关设备的尺寸、带电情况、安全距离等。必要时应当使用完善的图文相互配合的形式来描述。

④作业现场需要停电的部位与保留的带电部位：应在现场勘查记录报告中详细描述现场作业时现场带电的设备、作业现场停电的设备，以及停电设备上将保留的带电部位。

⑤作业现场的危险点：应在现场勘查记录报告中详细描述在现场作业时，可能发生的所有类型的危险点，包括但不仅限于高压触电、低压触电、高处坠落、物件伤人、油污等化学物质伤人、设备损伤等。

⑥作业现场应当采取的安全措施：根据上述第三条的作业中的危险点，应在现场勘查记录报告中详细描述作业前应当布置好的安全措施，包括但不仅限于应拉合的隔离开关、断路器、应装设的接地线、应悬挂的标识牌、应装设的围栏等。

⑦现场作业时应当注意的事项：根据上述第三条的作业中的危险点以及安全措施，应在现场勘查记录报告中详细描述作业时应当注意的事项。

勘查记录报告中的以上内容在必要时应当使用完善的图文相互配合的形式来描述，以防出错。

2. 工作票制度

在电气设备上工作应填用工作票或事故紧急抢修单，其方式有以下 6 种：

填用变电站（发电厂）第一种工作票。

填用电力电缆第一种工作票。

填用变电站（发电厂）第二种工作票。

填用电力电缆第二种工作票。

填用变电站（发电厂）带电作业工作票。

填用变电站（发电厂）事故紧急抢修单。

（引用自《电力安全工作规程—变电部分》6.3.1）

（1）填用第一种工作票的工作。

①高压设备上工作需要全部停电或部分停电者。

②二次系统和照明等回路上的工作，需要将高压设备停电者或做安全措施者。

③高压电力电缆需停电的工作。

④换流变压器、直流场设备及阀厅设备需要将高压直流系统或直流滤波器停用者。

⑤直流保护装置、通道和控制系统的工作，需要将高压直流系统停用者。

⑥换流阀冷却系统、阀厅空调系统、火灾报警系统及图像监视系统等工作，需要将高压直流系统停用者。

⑦其他工作需要将高压设备停电或要做安全措施者。

（引用自《电力安全工作规程—变电部分》6.3.2）

（2）填用第二种工作票的工作。

①控制盘和低压配电盘、配电箱、电源干线上的工作。

②二次系统和照明等回路上的工作，无需将高压设备停电者或做安全措施者。

③转动中的发电机、同期调相机的励磁回路或高压电动机转子电阻回路上的工作。

④非运维人员用绝缘棒、核相器和电压互感器定相或用钳型电流表测量高压回路的电流。

⑤大于表2-2-1距离的相关场所和带电设备外壳上的工作，以及无可能触及带电设备导电部分的工作。

⑥高压电力电缆不需停电的工作。

⑦换流变压器、直流场设备及阀厅设备上工作，无需将直流单、双极或直流滤波器停用者。

⑧直流保护控制系统的工作，无需将高压直流系统停用者。

⑨换流阀水冷系统、阀厅空调系统、火灾报警系统及图像监视系统等工作，无需将高压直流系统停用者。

（引用自《电力安全工作规程—变电部分》6.3.3）

（3）填用带电作业工作票的工作。

带电作业或与邻近带电设备距离小于表2-2-1、大于表2-2-2规定的工作。

（引用自《电力安全工作规程—变电部分》6.3.4）

表2-2-1　设备不停电时的安全距离

电压等级（kV）	安全距离（m）	电压等级（kV）	安全距离（m）
10及以下（13.8）	0.70	1000	8.70
20、35	1.00	±50及以下	1.50
66、110	1.50	±400	5.90
220	3.00	±500	6.00
330	4.00	±660	8.40
500	5.00	±800	9.30
750	7.20	—	—

注1：表中未列电压等级按高一档电压等级安全距离。

注2：±400 kV数据是按海拔3000 m校正的，海拔4000 m时安全距离为6.00 m。750 kV数据是按海拔2000 m校正的，其他等级数据按海拔1000 m校正。

表2-2-2　带电作业时人身与带电体间的安全距离

电压等级（kV）	10	35	66	110	220	330	500	750	1000	±400	±500	±660	±800
距离（m）	0.4	0.6	0.7	1.0	1.8（1.6）	2.6	3.4（3.2）	5.2（5.6）	6.8（6.0）	3.8	3.4	4.5	6.8

注：表中数据是根据线路带电作业安全要求提出的。

注1：220 kV带电作业安全距离因受设备限制达不到1.8 m时，经单位分管生产的领导（总工程师）批准，并采取必要的措施后，可采用括号内1.6 m的数值。

注2：海拔500 m以下，500 kV取3.2 m值，但不适用于500 kV紧凑型线路。海拔在500～1000 m时，500 kV取3.4 m值。

注3：直线塔边相或中相值。5.2 为海拔1000 m以下值，5.6 为海拔2000 m以下的距离。

注4：此为单回输电线路数据，括号中数据6.0 为边相值，6.8 为中相值。表中数值不包括人体占位间隙，作业中需考虑人体占位间隙不得小于0.5 m。

注5：±400 kV数据是按海拔3000 m校正的，海拔为3500 m、4000 m、4500 m、5000 m、5300 m时最小安全距离依次为3.90 m、4.10 m、4.30 m、4.40 m、4.50 m。

注6：±660 kV数据是按海拔为500～1000 m校正的；海拔为1000～1500 m、1500～2000 m时最小安全距离依次为4.7 m、5.0 m。

(4) 填用事故紧急抢修单的工作。

①事故紧急抢修可不用工作票，但应使用事故紧急抢修单。

②非连续进行的事故修复工作，应使用工作票。

（引用自《电力安全工作规程—变电部分》6.3.5）

(5) 其他情况。

运维人员实施不需高压设备停电或做安全措施的变电运维一体化业务项目时，可不使用工作票，但应以书面形式记录相应的操作和工作等内容。

各单位应明确发布所实施的变电运维一体化业务项目及所采取的书面记录形式。

（引用自《电力安全工作规程—变电部分》6.3.6）

(6) 工作票的填写与签发。

①工作票的填写、打印规范。

工作票应使用黑色或蓝色的钢（水）笔或圆珠笔填写与签发，一式两份，内容应正确，填写应清楚，不得任意涂改。如有个别错、漏字需要修改，应使用规范的符号，字迹应清楚。（引用自《电力安全工作规程—变电部分》6.3.7.1）

以上规定为国家电网公司电力安全工作规程规定，而个别地市公司的要求更为严格，不允许工作票有任何涂改，若出现错字、漏字，则需重新打印。

用计算机生成或打印的工作票应使用统一的票面格式，由工作票签发人审核无误，手工或电子签名后方可执行。工作票一份应保存在工作地点，由工作负责人收执；另一份由工作许可人收执，按值移交。工作许可人应将工作票的编号、工作任务、许可及终结时间记入登记簿。（引用自《电力安全工作规程—变电部分》6.3.7.2）

一般情况是仅允许签发人手工签名后执行。

所谓"按值移交"是指依据"交接班制度"移交工作票。

②填写、签发资格。

一张工作票中，工作许可人与工作负责人不得互相兼任。若工作票签发人兼任工作许可人或工作负责人，应具备相应的资质，并履行相应的安全责任。（引用自《电力安全工作规程—变电部分》6.3.7.3）

《电力安全工作规程》于2014年改编此条款，由"工作票签发人、工作票负责人、工作票许可人三者不可相互兼任"改为"工作许可人与工作负责人不得互相兼任"。

工作票由工作负责人填写，也可以由工作票签发人填写。（引用自《电力安全工作规程—变电部分》6.3.7.4）

一般是由工作负责人负责填写工作票，无论是签发人还是负责人填写工作票，均需在签发人检查、签字后，才能生效。

工作票由设备运维管理单位（部门）签发，也可由经设备运维管理单位（部门）审核合格且经批准的检修及基建单位签发。检修及基建单位的工作票签发人及工作负责人名单应事先送有关设备运维管理单位（调度控制中心）备案。（引用自《电力安全工作规程—变电部分》6.3.7.5）

承发包工程中，工作票可实行"双签发"形式。签发工作票时，双方工作票签发人在工作票上分别签名，各自承担本部分工作票签发人相应的安全责任。（引用自《电力安全工作规程—变电部分》6.3.7.6）

供电单位或施工单位到用户变电站内施工时，工作票应由有权签发工作票的供电单位、施工单位或用户单位签发。（引用自《电力安全工作规程—变电部分》6.3.7.8）

③总分工作票。

第一种工作票所列工作地点超过两个，或有两个及以上不同的工作单位（班组）在一起工作时，可采用总工作票和分工作票。总、分工作票应由同一个工作票签发人签发。总工作票上所列的安全措施应包括所有分工作票上所列的安全措施。几个班同时进行工作时，总工作票的工作班成员栏内，只填明各分工作票的负责人，不必填写全部工作班人员姓名。分工作票上要填写工作班人员姓名。

总、分工作票在格式上与第一种工作票一致。

分工作票应一式两份，由总工作票负责人和分工作票负责人分别收执。分工作票的许可和终结，由分工作票负责人与总工作票负责人办理。分工作票应在总工作票许可后才可许可；总工作票应在所有分工作票终结后才可终结。（引用自《电力安全工作规程—变电部分》6.3.7.7）

总分工作票的签发人为同一个人，总工作票的负责人为分工作票的许可人，总工作票的工作班成员为分工作票的负责人。在分工作票实施时，其中一张由总工作票负责人收执，一张由分工作票负责人收执。

(7) 工作票的使用。

①一个工作负责人不能同时执行多张工作票，工作票上所列的工作地点，以一个电气连接部分为限。

所谓一个电气连接部分是指：电气装置中，可以用隔离开关（刀闸）同其他电气装置分开的部分。

直流双极停用，换流变压器及所有高压直流设备均可视为一个电气连接部分。

直流单极运行，停用极的换流变压器，阀厅，直流场设备、水冷系统可视为一个电气连接部分。双极公共区域为运行设备。（引用自《电力安全工作规程—变电部分》6.3.8.1）

②一张工作票上所列的检修设备应同时停、送电,开工前工作票内的全部安全措施应一次完成。若至预定时间,一部分工作尚未完成,需继续工作而不妨碍送电者,在送电前,应按照送电后现场设备带电情况,办理新的工作票,布置好安全措施后,方可继续工作。(引用自《电力安全工作规程—变电部分》6.3.8.2)

③若以下设备同时停、送电,可使用同一张工作票。

属于同一电压等级、位于同一平面场所,工作中不会触及带电导体的几个电气连接部分。

一台变压器停电检修,其断路器(开关)也配合检修。

全站停电。(引用自《电力安全工作规程—变电部分》6.3.8.3)

④同一变电站内在几个电气连接部分上依次进行不停电的同一类型的工作,可以使用一张第二种工作票。(引用自《电力安全工作规程—变电部分》6.3.8.4)

⑤在同一变电站内,依次进行的同一类型的带电作业可以使用一张带电作业工作票。(引用自《电力安全工作规程—变电部分》6.3.8.5)

⑥持线路或电缆工作票进入变电站或发电厂升压站进行架空线路、电缆等工作,应增填工作票份数,由变电站或发电厂工作许可人许可并留存。上述单位的工作票签发人和工作负责人名单应事先送有关运维单位备案。(引用自《电力安全工作规程—变电部分》6.3.8.6)

⑦需要变更工作班成员时,应经工作负责人同意,在对新的作业人员进行安全交底手续后,方可进行工作。非特殊情况不得变更工作负责人,如确需变更工作负责人应由工作票签发人同意并通知工作许可人,工作许可人将变动情况记录在工作票上。工作负责人允许变更一次。原、现工作负责人应对工作任务和安全措施进行交接。(引用自《电力安全工作规程—变电部分》6.3.8.7)

工作班成员变更后,工作票中原有"工作班成员"栏不进行改变,仅在"工作人员变动情况"一栏添加;新到的工作班成员,需要进行交底手续并且在"确认工作负责人布置的工作任务和安全措施"栏目签字后,方可工作。

工作负责人为现场工作中最重要的角色,变更人选将会带来一定安全隐患,所以非特殊情况不得变更。若工作负责人变更一次之后,新负责人因不可抗力不能继续负责现场工作,则须提前结束该工作票,由其他负责人重新办理工作票手续,方可重新开始工作。

⑧在原工作票的停电及安全措施范围内增加工作任务时,应由工作负责人征得工作票签发人和工作许可人同意,并在工作票上增添工作项目。若需变更或增设安全措施者应填用新的工作票,并重新履行签发许可手续。(引用自《电力安全工作规程—变电部分》6.3.8.8)

⑨变更工作负责人或增加工作任务,如工作票签发人(和工作许可人)无法当面办

理，应通过电话联系，并在工作票登记簿和工作票上注明。（引用自《电力安全工作规程—变电部分》6.3.8.9）

⑩第一种工作票应在工作前一日送达运维人员，可直接送达或通过传真、局域网传送，但传真传送的工作票许可应待正式工作票到达后履行。临时工作可在工作开始前直接交给工作许可人。第二种工作票和带电作业工作票可在进行工作的当天预先交给工作许可人。（引用自《电力安全工作规程—变电部分》6.3.8.10）

⑪工作票有破损不能继续使用时，应补填新的工作票，并重新履行签发许可手续。（引用自《电力安全工作规程—变电部分》6.3.8.11）

（8）工作票的有效期与延期。

①第一、二种工作票和带电作业工作票的有效时间，以批准的检修期为限。（引用自《电力安全工作规程—变电部分》6.3.9.1）

②第一、二种工作票需办理延期手续，应在工期尚未结束以前由工作负责人向运维负责人提出申请（属于调控中心管辖、许可的检修设备，还应通过值班调控人员批准），由运维负责人通知工作许可人给予办理。第一、二种工作票只能延期一次。带电作业工作票不准延期。（引用自《电力安全工作规程—变电部分》6.3.9.2）

（9）变电"五种人"。

①工作票所列人员的基本条件。

工作票签发人应是熟悉人员技术水平、熟悉设备情况、熟悉本规程，并具有相关工作经验的生产领导人、技术人员或经本单位批准的人员。工作票签发人员名单应公布。（引用自《电力安全工作规程—变电部分》6.3.10.1）

工作负责人（监护人）应是具有相关工作经验，熟悉设备情况和本规程，经工区（车间，下同）批准的人员。工作负责人还应熟悉工作班成员的工作能力。（引用自《电力安全工作规程—变电部分》6.3.10.2）

工作许可人应是经工区批准的有一定工作经验的运维人员或检修操作人员（进行该工作任务操作及做安全措施的人员）；用户变、配电站的工作许可人应是持有效证书的高压电气工作人员。（引用自《电力安全工作规程—变电部分》6.3.10.3）

专责监护人应是具有相关工作经验，熟悉设备情况和本规程的人员。（引用自《电力安全工作规程—变电部分》6.3.10.4）

②工作票所列人员的安全责任。

·工作票签发人：

A. 确认工作必要性和安全性；

B. 确认工作票上所填安全措施是否正确完备；

C. 确认所派工作负责人和工作班人员是否适当和充足。

（引用自《电力安全工作规程—变电部分》6.3.11.1）

• 工作负责人（监护人）：

A. 正确地组织工作；

B. 检查工作票所列安全措施是否正确完备，是否符合现场实际条件，必要时予以补充完善；

C. 工作前对工作班成员进行工作任务、安全措施、技术措施交底和危险点告知，并确认每个工作班成员都已签名；

D. 严格执行工作票所列安全措施；

E. 监督工作班成员遵守本规程，正确使用劳动防护用品和安全工器具以及执行现场安全措施；

F. 关注工作班成员身体状况精神状态是否出现异常迹象，人员变动是否合适。

（引用自《电力安全工作规程—变电部分》6.3.11.2）

• 工作许可人：

A. 负责审查工作票所列安全措施是否正确、完备，是否符合现场条件；

B. 工作现场布置的安全措施是否完善，必要时予以补充；

C. 负责检查检修设备有无突然来电的危险；

D. 对工作票所列内容即使发生很小疑问，也应向工作票签发人询问清楚，必要时应要求作详细补充。

（引用自《电力安全工作规程—变电部分》6.3.11.3）

• 专责监护人：

A. 明确被监护人员和监护范围；

B. 工作前对被监护人员交待监护范围内的安全措施，告知危险点和安全注意事项；

C. 监督被监护人员遵守本规程和现场安全措施，及时纠正被监护人员的不安全行为。

（引用自《电力安全工作规程—变电部分》6.3.11.4）

• 工作班成员：

A. 熟悉工作内容、工作流程，掌握安全措施，明确工作中的危险点，并在工作票上履行交底签名确认手续；

B. 服从工作负责人（监护人）、专责监护人的指挥，严格遵守本规程和劳动纪律，在确定的作业范围内工作，对自己在工作中的行为负责，互相关心工作安全；

C. 正确使用施工器具、安全工器具和劳动防护用品。

（引用自《电力安全工作规程—变电部分》6.3.11.5）

变电"五种人"中，"工作票签发人""工作负责人""工作许可人"这三者也被称为"三种人"。

3. 工作许可制度

（1）许可流程。

检修班组在电气设备上的任何工作，必须事先经过工作许可人同意，未办理许可手续，不得擅自进行工作。工作许可手续应通过一定的书面形式进行，发电厂、变电站通过工作票履行工作许可手续。

工作许可人在完成施工现场的安全措施后，还应完成以下手续，工作班方可开始工作。

①会同工作负责人到现场再次检查所做的安全措施，对具体的设备指明实际的隔离措施，证明检修设备确无电压。（引用自《电力安全工作规程—变电部分》6.4.1.1）

②对工作负责人指明带电设备的位置和注意事项。（引用自《电力安全工作规程—变电部分》6.4.1.2）

③和工作负责人在工作票上分别确认、签名。（引用自《电力安全工作规程—变电部分》6.4.1.3）

工作票中所列"安全措施"均应由工作许可人及其运行班组完成，完成后，许可人会同负责人到现场，负责人检查所有安全措施是否与工作票"安全措施"项中所列一致；许可人负责告知负责人工作范围、停电设备与保留带电部位、现场安全措施布置，并进行现场验电，在负责人确认清楚后，双方在工作票"工作许可栏"签字并写下当前时间。

（2）注意事项。

运维人员不得变更有关检修设备的运行接线方式。工作负责人、工作许可人任何一方不得擅自变更安全措施，工作中如有特殊情况需要变更时，应先取得对方的同意并及时恢复。变更情况及时记录在值班日志内。（引用自《电力安全工作规程—变电部分》6.4.2）

工作过程中的开关状态、接地状态、标示牌等安全措施，如果擅自改变，容易引起安全事故，故无特殊情况，不允许改变。有部分工作（如隔离开关整体调整等）需要分合接地开关，通常负责人在写安全措施时，"接地"部分会采取装设接地线的方式，而非合接地刀闸的方式，就避免了在工作过程中申请安全措施变更。

变电站（发电厂）第二种工作票可采取电话许可方式，但应录音，并各自做好记录。采取电话许可的工作票，工作所需安全措施可由工作人员自行布置，工作结束后应汇报给工作许可人。（引用自《电力安全工作规程—变电部分》6.4.3）

4. 工作监护制度

工作许可手续完成后，工作负责人、专责监护人应向工作班成员交待工作内容、人员分工、带电部位和现场安全措施，进行危险点告知，并履行确认手续，工作班方可开始工作。工作负责人、专责监护人应始终在工作现场，对工作班人员的安全认真监护，及时纠正不安全的行为。（引用自《电力安全工作规程—变电部分》6.5.1）

只有许可手续完成后，工作负责人才能带领工作班成员进入工作现场，然后召开"班前会"，告知所有工作班成员当前工作的内容、时间、地点、现场安全措施、危险点及预防措施、现场保留带电部位等信息，待所有成员确认清楚后，在工作票"确认工作负责人布置的工作任务和安全措施"栏目签字后，方可开始工作。

所有工作人员（包括工作负责人）不许单独进入、滞留在高压室、阀厅内和室外高压设备区内。若工作需要（如测量极性、回路导通试验、光纤回路检查等），而且现场设备允许时，可以准许工作班中有实际经验的一个人或几人同时在它室进行工作，但工作负责人应在事前将有关安全注意事项予以详尽的告知。（引用自《电力安全工作规程—变电部分》6.5.2）

工作负责人在全部停电时，可以参加工作班工作。在部分停电时，只有在安全措施可靠，人员集中在一个工作地点，不致误碰有电部分的情况下，方能参加工作。

工作负责人、专责监护人应始终在工作现场。工作票签发人或工作负责人，应根据现场的安全条件、施工范围、工作需要等具体情况，增设专责监护人和确定被监护的人员。专责监护人不得兼做其他工作。专责监护人临时离开时，应通知被监护人员停止工作或离开工作现场，待专责监护人回来后方可恢复工作。若专责监护人必须长时间离开工作现场时，应由工作负责人变更专责监护人，履行变更手续，并告知全体被监护人员。（引用自《电力安全工作规程—变电部分》6.5.3）

更变专责监护人应当在工作票"备注"栏写清楚原因、时间以及被变更的人员姓名。

工作期间，工作负责人若因故暂时离开工作现场时，应指定能胜任的人员临时代替，离开前应将工作现场交待清楚，并告知工作班成员。原工作负责人返回工作现场时，也应履行同样的交接手续。若工作负责人必须长时间离开工作现场时，应由原工作票签发人变更工作负责人，履行变更手续，并告知全体作业人员及工作许可人。原、现工作负责人应做好必要的交接。（引用自《电力安全工作规程—变电部分》6.5.4）

若现场无他人能够胜任工作负责人，则负责人暂时离开时，应当告知工作班组暂时停止工作，待负责人回到工作现场时，方可继续工作。

5. 工作间断、转移和终结制度

（1）工作间断。

工作间断时，工作班人员应从工作现场撤出。每日收工，应清扫工作地点，开放已封闭的通道，并电话告知工作许可人。若工作间断后所有安全措施和接线方式保持不变，工作票可由工作负责人执存。次日复工时，工作负责人应电话告知工作许可人，并重新认真检查确认安全措施是否符合工作票要求。间断后继续工作，若无工作负责人或专责监护人带领，作业人员不得进入工作地点。（引用自《电力安全工作规程—变电部分》6.6.1）

在未办理工作票终结手续以前，任何人员不准将停电设备合闸送电。在工作间断期间，若有紧急需要，运维人员可在工作票未交回的情况下合闸送电，但应先通知工作负责人，在得到工作班全体人员已经离开工作地点、可以送电的答复后方可执行，并应采取下列措施。

拆除临时遮栏、接地线和标示牌，恢复常设遮栏，换挂"止步，高压危险！"的标示牌。

应在所有道路派专人守候，以便告诉工作班人员"设备已经合闸送电，不得继续工作"。守候人员在工作票未交回以前，不得离开守候地点。（引用自《电力安全工作规程—变电部分》6.6.2）

检修工作结束以前，若需将设备试加工作电压，应按下列条件进行。

全体作业人员撤离工作地点。

将该系统的所有工作票收回，拆除临时遮栏、接地线和标示牌，恢复常设遮栏。

应在工作负责人和运维人员进行全面检查无误后，由运维人员进行加压试验。工作班若需继续工作时，应重新履行工作许可手续。（引用自《电力安全工作规程—变电部分》6.6.3）

①工作转移。

在同一电气连接部分用同一张工作票依次在几个工作地点转移工作时，全部安全措施由运维人员在开工前一次做完，不需再办理转移手续。但工作负责人在转移工作地点时，应向作业人员交待带电范围、安全措施和注意事项。（引用自《电力安全工作规程—变电部分》6.6.4）

②工作终结。

全部工作完毕后，工作班应清扫、整理现场。工作负责人应先周密地检查，待全体作业人员撤离工作地点后，再向运维人员交待所修项目、发现的问题、试验结果和存在问题等，并与运维人员共同检查设备状况、状态，有无遗留物件，是否清洁等，然后在工作票上填明工作结束时间。经双方签名后，表示工作终结。

待工作票上的临时遮栏已拆除，标示牌已取下，已恢复常设遮栏，未拆除的接地线、未拉开的接地刀闸（装置）等设备运行方式已汇报调控人员，工作票方告终结。（引用自《电力安全工作规程—变电部分》6.6.5）

工作终结与工作票终结不同：工作终结手续应当是负责人带领班组人员将现场恢复至开始工作前的状态，然后负责人会同许可人（运维人员）进入现场，进行签字确认终结手续；而工作票终结则是许可人班组（运维班组）进入现场将现场恢复至送电前的状态，再通知调控人员，签字后方可终结工作票。

只有在同一停电系统的所有工作票都已终结，并得到值班调控人员或运维负责人的许可指令后，方可合闸送电。(引用自《电力安全工作规程—变电部分》6.6.6)

已终结的工作票、事故紧急抢修单应保存 1 年。(引用自《电力安全工作规程—变电部分》6.6.7)

(二) 安全技术措施

根据《国家电网公司电力安全工作规程（变电部分）、（线路部分）》的规定，保证安全的技术措施包括停电、验电、接地、悬挂标示牌和装设遮栏（围栏）。

上述措施由运行人员或有权执行操作的人员执行。

1. 停电

工作地点应停电的设备是指：检修设备停电时，应把各方面的电源完全断开（任何运行中的星形接线设备的中性点，应视为带电设备）。不论是中性点直接接地还是中性点不接地的系统，正常运行时中性点都存在位移电压，系统发生故障时，电位会更高达到额定电压的 10% 以上，如不断开中性点，就有可能将电压引到检修设备上，发生危险。

断路器在停用状态操作电源是不断开的，如控制的回路发生二次混线、误碰、误操作等，会使其操动机构动作而自动合闸使设备带电。再者断路器分闸时可能由于触头熔融、机构故障、位置指示器失灵等原因，造成未开断或不完全开断而位置指示器却在断开位置，造成虚断，也会使人出现误判断。断开隔离开关，一是做到一目了然，二是设备与电源之间保持空气间隙，保持较高的绝缘强度。

手车开关应拉至检修位置，使各方面至少有一个明显的断开点，对于有些设备无法观察到明显断开点的（仅限 GIS 组合电器）至少应有两个及以上指示已同时发生对应变化，能反映设备运行状态的电气和机械等指示在开断位置才能作为判定明显断开点的依据。与停电设备有关的变压器和电压互感器，必须将设备各侧断开，防止向停电检修设备反送电。

禁止在只经断路器（开关）断开电源或只经换流器闭锁隔离电源的设备上工作。应拉开隔离开关（刀闸），手车开关应拉至试验或检修位置，应使各方面有一个明显的断开点，若无法观察到停电设备的断开点，应有能够反映设备运行状态的电气和机械等指示。与停电设备有关的变压器和电压互感器，应将设备各侧断开，防止向停电检修设备反送电。

检修设备和可能来电侧的断路器（开关）、隔离开关（刀闸）应断开控制电源和合

闸电源，隔离开关（刀闸）操作把手应锁住，确保不会误送电。操作电源是对断路器和隔离开关的控制电源的统称。断路器和隔离开关断开后，如果不断开他们的控制电源和合闸电源，可能会因为多种原因，如试验保护、遥控装置调试失当、误操作等会被突然合上，造成检修设备带电。因此为确保安全，一是要断开控制电源，二是断开后锁住操作机构，做到双保险。

对难以做到与电源完全断开的检修设备，可以拆除设备与电源之间的电气连接。

2. 验电

（1）高压验电设备。

高压设备的验电应使用高压验电器。常见的高压验电器有回转式高压验电器（图2-2-1）和声光报警式高压验电器（图2-2-2）。

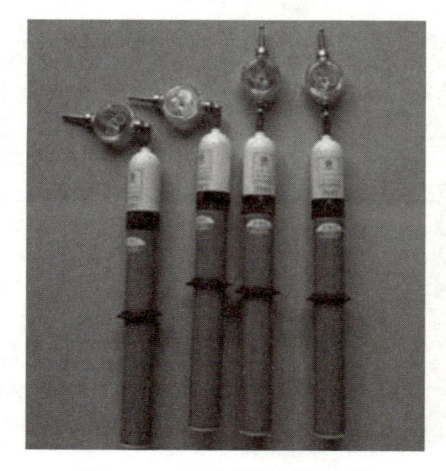

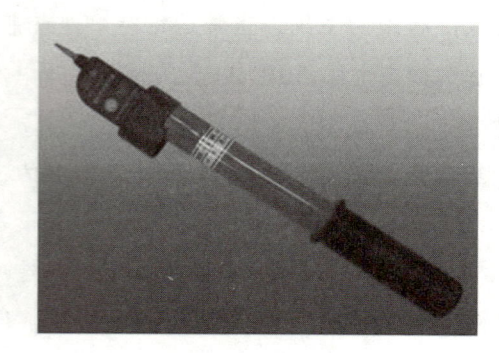

图2-2-1　回转式高压验电器　　　　图2-2-2　声光报警式高压验电器

（2）高压验电操作。

高压验电前需要准备好安全工器具，主要包括相应电压等级而且合格的接触式验电器。验电是确认设备已无电压、防止发生带电挂地线（合接地刀闸）恶性误操作事故的有效手段。验电器应选取与所验设备电压等级相同的接触式验电器。如果验电器电压等级低于设备电压时，绝缘强度无法保证，操作人的人身安全将受到威胁；而高于设备电压时，则可能达不到验电器发光、发声的启动电压，造成设备已无电压的误判断。

验电时必须正确佩戴合格的安全帽，穿戴好经检查合格的绝缘手套和绝缘靴，将外衣袖口放入绝缘手套的伸长部分，裤管套入靴筒内，如图2-2-3所示。

图 2-2-3 验电规范操作

验电时，人体应与验电设备保持足安全距离，使用相应电压等级而且合格的接触式验电器，在装设接地线或合接地刀闸（装置）处对各相分别验电。验电前，应先在带电的设备上验电，证实验电器良好；注意验电器的工作触头不能直接接触带电体，只能逐渐接近带电体，直至验电器发出声、光或其他报警信号为止。无法在有电设备上进行试验时可用工频高压发生器等确证验电器良好。验电应遵循先验离人体近的一相，由近及远，先低后高、先下后上等原则。不能只验一相，以防某一相仍然有电压，发生触电事故。然后在挂地线处进行三相分别验电，以防在某些意外情况下，可能出现其中一相带电而未被发现的情况。最后在有电的设备上再次进行试验，以防止验电器在使用中损坏，而造成设备无电的误判断。

（3）高压验电注意事项。

①高压验电应戴绝缘手套。验电器的伸缩式绝缘棒长度应拉足，验电时手应握在手柄处不得超过护环，雨雪天气时不得进行室外直接验电。

②对无法进行直接验电的设备、高压直流输电设备和雨雪天气时的户外设备，可以进行间接验电，即通过设备的机械指示位置、电气指示、带电显示装置、仪表及各种遥测、遥信等信号的变化来判断。判断时，至少应有两个非同样原理或非同源的指示发生对应变化，且所有指示均已同时发生对应变化，才能确认该设备已无电。以上检查项目应填写在操作票中作为检查项。检查中若发现其他任何信号有异常，均应停止操作，查明原因。若进行遥控操作，则应同时检查隔离开关（刀闸）的状态指示、遥测、遥信信号及带电显示装置的指示进行间接验电。330 kV 及以上的电气设备，可采用间接验电方法进行验电。

3. 接地

当验明设备确已无电压后，应立即装设经检验合格的三相成套接地线（图 2-2-4）

并三相短路，如果是直流线路的话，则两级接地线分别直接接地。各工作班工作地段各端和有可能送电到停电线路工作地段的分支线（包括用户）都要验电、装设工作接地线。

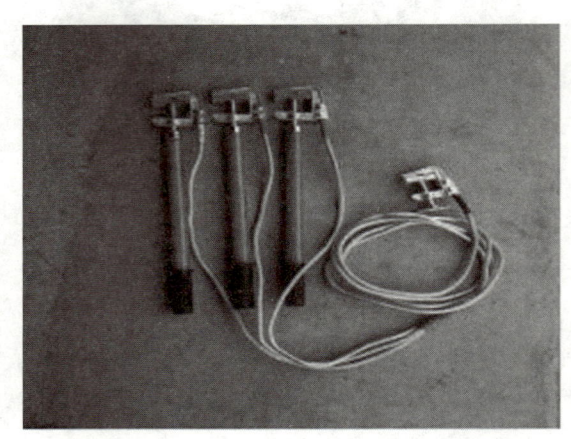

图2-2-4　三相成套接地线

　　装设接地线是一项严肃谨慎的工作，若操作不当则具有一定危险性。如果发生带电挂地线，不仅危及工作人员安全，而且可能会造成设备损坏。

　　装设接地线应由两人进行（经批准可以单人装设接地线的项目及运行人员除外），一人操作，一人监护，以确保装设地点、操作方法的正确性，防止因错挂、漏挂而发生误操作事故。

　　当验明设备确已无电压后，应立即将检修设备接地并三相短路。将检修设备三相短路接地，是保护工作人员在工作地点避免伤害最可靠的措施。其作用是消除残存电荷和感应电压，使工作地点始终处于"地电位"的保护之中，确保人员不发生危险。如果工作中发生误送电，保护动作能使断路器跳闸，迅速切除电源，起到保护作用。装设三相短路接地线必须在验明设备确已无电压后立即进行，如果相隔时间较长，则应在装设前重新验电，这是考虑到在较长时间的间隔过程中，停电设备可能来电的意外情况。

　　电缆及电容器接地前应逐相充分放电，星形接线电容器的中性点应接地、串联电容器及与整组电容器脱离的电容器应逐个多次放电，装在绝缘支架上的电容器外壳也应放电。由于电缆及电容器属于容性设备，停电后短时间内仍然有大量剩余电荷，装设接地线时可能造成对操作人员的伤害，因此电缆及电容器在接地前应逐相、逐个多次放电，直至将剩余电荷放尽。由于星型接线的电容器，三相电容不平衡，中性点处会产生电压，工作时可能造成人身触电，因此电容器组中性点必须放电。由于串联电容器保险熔断、个别电容器与整组脱离等原因，造成电容器中的电荷可能没有完全放尽，所以串联电容器及与整组电容器脱离的电容器应逐个多次放电。装在绝缘支架上的电容器外壳也可能有感应电压，也应放电。

对于可能送电至停电设备的各方面都应装设接地线或合上接地刀闸（装置），所装接地线与带电部分应考虑接地线摆动时仍符合安全距离的规定。这样做是为了保证工作人员始终在接地线的保护范围内，防止检修设备突然来电和感应电压对人身造成伤害。对有可能产生感应电压的设备也应视为电源设备，应视情况适当增加接地线。在装设接地线时，要充分考虑接地线在大风情况摆动时与带电部分的安全距离，避免因接地线摆动导致运行设备接地故障。

对于因平行或邻近带电设备导致检修设备可能产生感应电压时，应加装工作接地线或使用个人保安线，如图2-2-5所示，加装的接地线应记录在工作票上，个人保安线由工作人员自装自拆。

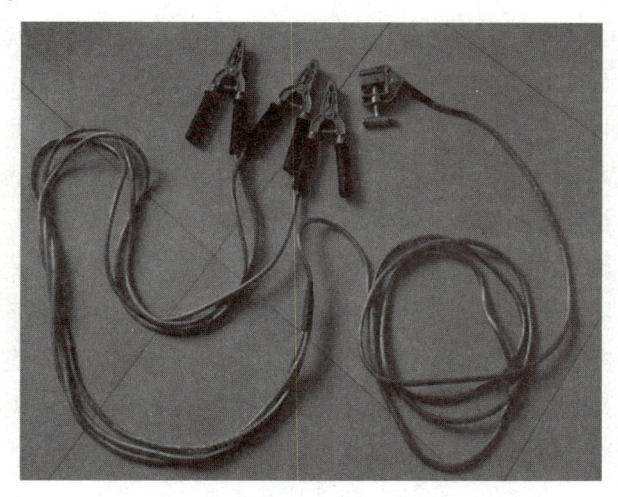

图2-2-5　个人保安线

接地线、接地刀闸与检修设备之间不得连有断路器（开关）或熔断器。若由于设备原因，接地刀闸与检修设备之间连有断路器（开关），在接地刀闸和断路器（开关）合上后，应有保证断路器（开关）不会分闸的措施。

在配电装置上，接地线应装在该装置导电部分的规定地点，这些地点的油漆应刮去，并画有黑色标记。所有配电装置的适当地点，均应设有与接地网相连的接地端，接地电阻应合格。接地线应采用三相短路式接地线，若使用分相式接地线时，应设置三相合一的接地端。

装设接地线应先接接地端，后接导体端，接地线应接触良好，连接应可靠。

拆接地线的顺序与此相反。装、拆接地线均应使用绝缘棒和戴绝缘手套。人体不得碰触接地线和未接地的导线，以防止触电。先装接地端后接导体端是操作安全的需要，在装、拆接地线的过程中，应始终保证接地线处于良好的接地状态，这样当设备突然来

电时，能有效地限制接地线上的电位，保证装、拆地线的人员的安全。操作第一步即应将接地线的接地端与地极螺栓做可靠地连接，这样在发生各种故障的情况下都能有效地限制地线上的电位，然后再接到导体端；拆接地线时，只有在导体端与设备全部解开后，才可拆除接地端子上的接地线。否则，若先行拆除了接地端，则泄放感应电荷的通路被隔断，操作人员再接触检修设备或地线，就有触电的危险。由于在装拆接地线的过程中有感应电存在或突然来电可能，操作人员必须戴好绝缘手套、穿绝缘鞋，使用绝缘棒。

接地线的选择有以下几方面要求。

(1) 截面积。接地线的作用是保持工作设备的地电位，截面积必须满足短路电流的要求，且最小不得小于 25 mm^2（按铜材料要求）。要使接地线通过高达数十千安的短路电流，而且该短路电流所产生的电压降不大于规定的安全电压值，就必须使它的阻抗值很小，故应选择截面积足够大的、导电性能良好的金属材料线。

(2) 满足短路电流热容量的要求。发生短路时，通过短路接地线作用于断路器使其跳闸。在断路器未跳闸或拒绝动作时，短路电流在接地线中产生的热量应不至于将它熔断。否则，工作地点将失去保护而使事故扩大。

(3) 接地线必须具有足够的柔韧性和机械耐拉强度，耐磨，不易锈蚀。电力生产和电力工程上都选用带透明绝缘护套的多股软铜线来制作接地线。这是因为带透明绝缘护套的多股软铜线柔软不易折断，操作携带方便，导电性能好。软铜线外应包有透明的绝缘塑料（透明护套），既能起到保护地线免受磨损，又便于观察地线有无损坏。禁止使用其他导线作接地线或短路线，以防止使用普通导线不能满足动、热稳定要求，而不能起到保护工作人员安全的目的。接地线如果接触不良，在流过短路电流时，就会产生较大电压并降加到检修设备上，造成人身伤害。如果接触电阻过大，在短路电流作用下甚至会造成接地线接地处烧断，因此装设接地线时必须使用完好的专用线夹固定在导体上，而接地线部分应固定在与接地网可靠连接的专用接地螺丝上或用专用的线夹固定在接地体上，并保证其接触良好。专用线夹应满足在短路电流作用下的动、热稳定要求。

禁止工作人员擅自移动或拆除接地线。

装、拆接地线，应做好记录，交接班时应交代清楚。对于已装设的接地线应用专门的登记簿将接地情况记录在案，并在交接班日志专门栏目中登记，以便于当班运行人员在送电前知晓开关接地情况，防止各种原因造成的带地线合闸。

4. 悬挂标示牌和装设遮栏（围栏）

安全标示的作用主要是警告工作人员不得接近设备的带电部分，提醒工作人员在工作地点采取安全措施，以及表明禁止向设备合闸送电等。

在一经合闸即可送电到工作地点的断路器（开关）和隔离开关（刀闸）的操作把手

上，均应悬挂"禁止合闸，有人工作"的标示牌。

如果线路上有人工作，应在线路断路器（开关）和隔离开关（刀闸）操作把手上悬挂"禁止合闸，线路有人工作"的标示牌。

对由于设备原因，接地刀闸与检修设备之间连有断路器（开关），在接地刀闸和断路器（开关）合上后，在断路器（开关）操作把手上，应悬挂"禁止分闸！"的标示牌。

标示牌按照作用区分了不同的颜色。红色标示牌是禁止类，如图2-2-6"禁止合闸，有人工作"；黄色标示牌是警告类，如图2-2-7"当心触电"；蓝色标示牌为指令类，含义是强制执行，如图2-2-8"必须佩戴安全帽"；绿色标示牌是提示类，如图2-2-9"在此工作""由此上下"等。

图2-2-6　禁止类标示牌　　　　图2-2-7　警告类标示牌

图2-2-8　指令类标示牌　　　　图2-2-9　提示类标示牌

部分停电的工作，安全距离小于规定距离的未停电设备，应装设临时遮栏，如图2-2-10示。临时遮栏可用干燥木材、橡胶或其他坚韧绝缘材料制成，装设应牢固，并悬挂"止步，高压危险"的标示牌。

图2-2-10　临时遮栏

35 kV 及以下设备的临时遮栏，如因工作特殊需要，可用绝缘隔板与带电部分直接接触。

在室内高压设备上工作，应在工作地点两旁及对面运行设备间隔的遮栏（围栏）上和禁止通行的过道遮栏（围栏）上悬挂"止步，高压危险！"的标示牌。高压开关柜内手车开关拉出后，隔离带电部位的挡板封闭后禁止开启，并设置"止步，高压危险！"的标示牌。为了防止检修人员误入带电间隔，在室内高压设备上工作时，应在工作地点的两旁间隔和对面间隔的遮栏（围墙）上悬挂"止步，高压危险！"的标示牌。某些通道，由于与带电设备或高压试验设备的距离不能满足安全距离规定，所以应在此类通道处设置遮栏（围栏）并悬挂"止步，高压危险！"的标示牌，以警戒他人不许通过。

在室外高压设备上工作，应在工作地点四周装设围栏，其出入口要围至临近道路旁边，并设有"从此进出！"的标示牌。工作地点四周围栏上悬挂适当数量的"止步，高压危险！"标示牌，标示牌应朝向围栏里面。若室外配电装置的大部分设备停电，只有个别地点保留有带电设备而其他设备无触及带电导体的可能时，可以在带电设备四周装设全封闭围栏，围栏上悬挂适当数量的"止步，高压危险！"标示牌，标示牌应朝向围栏外面。室外设备大都没有固定的围栏，设备布置也不像室内那样集中，工作地点人员多、范围大，往往有登高作业，监护工作困难，这就更有必要在工作地点装设围栏，限制作业人员的活动范围。围栏应采用封闭式网状遮栏，并具有独立支柱，在围栏四周面向围栏内悬挂适当数量的"止步，高压危险！"的标示牌，以警示检修人员只能在围栏内进行工作。为方便工作人员进出，围栏出入口要围至邻近道路旁边，并设有"从此进出！"的标示牌。

▶ **引导问题2：** 进入实训现场的准备工作。

（1）列出进入实训现场的着装要求。

（2）请通过自查、互查、教师抽查的方式确认是否能正确检查、使用和保管安全工器具。

五、准备决策

实训任务：安全工器具检查、使用及保管

1. 作业任务

对常用的电力安全工器具如安全帽、接地线、验电器、绝缘手套、绝缘靴、绝缘杆进行检查，口述检查、使用及保管项目、检查（检测）结果。

2. 引用标准及文件

《国家电网公司电力安全工作规程》（变电部分）。

3. 作业条件

作业人员精神状态良好，熟悉工作中安全措施、技术措施以及现场工作危险点。

4. 作业前工器具准备

（1）安全帽1顶、接地线1副、验电器1副、绝缘手套1双、绝缘靴1双、绝缘杆1副，工器具、设备等定置摆放；

（2）按安规要求正确使用劳动防护用品，并穿戴规范。

5. 危险点及预防措施

（1）危险点：安全工器具检查过程中工器具伤人；

（2）预控措施：工作现场设置安全围栏，进入实训场地佩戴安全帽。

六、工作实施流程

给定条件：绝缘手套、绝缘靴、××kV高压验电器、安全帽、××kV接地线、绝缘杆。

一人操作，在20分钟内完成。

口述检查、使用及维护项目、检查（检测）结果。

操作完毕后将工器具摆放整齐。

七、评价反馈

1. 操作评价表

《电力安全工器具的检查、使用及保管》评分标准见表2-2-3所列。

表 2-2-3 《电力安全工器具的检查、使用及保管》评分标准

班级		姓名		学号		考评员		成绩	
序号	作业名称	质量标准		分值(分)		扣分标准		扣分	得分
0	工作前准备	(1)着装：按安规要求正确使用劳动防护用品，并穿戴规范		1		未按要求着装扣1分			
		(2)准备好本项目所需工器具		1		少准备1项安全工器具扣0.5分，扣完为止			
		(3)报告考官：××考生准备完毕，请求考试		0.5		未报告考官，扣0.5分			
1	绝缘手套								
1.1	检查	(1)检查标签、合格证是否完善，并在试验合格的有效期内		1		未检查标签、合格证各扣0.5分			
		(2)外观情况：表面有无损伤和是否清洁；有灰尘和污垢的应擦拭干净；表面损伤的和有烧灼痕迹的不得使用；不得有裂缝、破洞、毛刺、划痕等缺陷		1		未检查扣1分			
		(3)充气试验：将手套朝手指方向卷曲，观察有无漏气或裂口		2		未正确做充气试验扣2分			
		(4)试验周期为6个月（工频耐压试验）		1		回答不正确扣1分			
1.2	使用	(1)应用于1000 V以上设备时为辅助安全用具，应用于1000 V以下设备时为基本安全用具		2		回答不正确扣2分			
		(2)戴手套时应将外衣袖口放入绝缘手套的伸长部分		2		未将外衣袖口放入绝缘手套的伸长部分扣2分			
		(3)绝缘手套不能作为一般手套使用		2		回答不正确扣2分			
1.3	保管	(1)使用后必须擦干净，放置处不得直接接触地面、墙面，防止受潮、脏污		2		未清洁扣1分，放置不当扣1分			
		(2)要和其他工器具分开放置，以免损伤绝缘手套		1		放置不当扣1分			
		(3)绝缘手套应成双，定置摆放		1		放置不当扣1分			
2	绝缘靴								
2.1	检查	(1)检查标签、合格证是否完善，并在试验合格的有效期内		1		未检查标签、合格证各扣0.5分			
		(2)外观情况：表面有无损伤和是否清洁；有灰尘和污垢的应擦拭干净；表面损伤的和有烧灼痕迹的不得使用；不得有裂缝、破洞、毛刺、划痕等缺陷		1		未检查扣1分			

续表

序号	作业名称	质量标准	分值（分）	扣分标准	扣分	得分
2.1	检查	(3)绝缘鞋的使用期限,制造厂规定以大底磨光为止,即当大底露出黄色面胶(绝缘层)就不适合在电气作业中使用了	1	未检查扣1分		
		(4)试验周期为6个月(工频耐压试验)	1	回答不正确扣1分		
2.2	使用	(1)是在任何电压等级的电气设备上工作时,用来使工作人员与地面保持绝缘的辅助安全用具,也是防护跨步电压的基本安全用具	2	回答不正确扣2分		
		(2)使用时应将裤管套入靴筒内;裤管不得长及地面	2	未将裤管套入靴筒内、裤管长及地面扣2分		
		(3)应保持鞋帮干燥	1	回答不正确扣1分		
2.3	保管	(1)使用后必须擦干净,放置处不得直接接触地面、墙面,防止受潮、脏污	2	未清洁扣1分,放置不当扣1分		
		(2)要和其他工器具分开放置,以免损伤绝缘靴	1	放置不当扣1分		
		(3)绝缘靴应成双,定置摆放	1	放置不当扣1分		
3	绝缘杆					
3.1	检查	(1)电压等级应与电气设备或线路的电压等级相符(等于或高于电气设备或线路的电压等级)	1	未检查扣1分		
		(2)检查标签、合格证是否完善,并在试验合格的有效期内	1	未检查标签、合格证各扣0.5分		
		(3)外观无明显缺陷,绝缘部分和握手部分之间有护环隔开	2	未检查外观、有无护环各扣1分		
		(4)试验周期为12个月(工频耐压试验)	1	回答不正确扣1分		
3.2	使用	(1)要戴绝缘手套,穿绝缘靴	2	未戴绝缘手套、穿绝缘靴各扣2分		
		(2)应手拿绝缘棒的握手部分,手不可超出护环	2	操作错误扣2分		
		(3)雨雪天操作室外高压设备,应加装防雨罩	2	回答不正确扣2分		
3.3	保管	(1)使用完毕,应擦拭干净后放置,放置处不得直接接触地面、墙面,防止受潮、脏污	2	未清洁扣1分,放置不当扣1分		
		(2)金属制成的工作部分不得触及地面	1	放置不当扣1分		

续表

序号	作业名称	质量标准	分值(分)	扣分标准	扣分	得分
3.3	保管	(3)要和其他工器具分开放置,以免损伤	1	放置不当扣1分		
		(4)绝缘棒应成套,定置摆放	1	放置不当扣1分		
4	高压验电器					
4.1	检查	(1)额定电压和被测试设备电压等级一致	1	未检查扣1分		
		(2)分别检查工作触头和绝缘棒的标签、合格证是否完善,并在试验合格的有效期内	1	未分别检查工作触头和绝缘棒的标签、合格证各扣0.5分		
		(3)按压工作触头,初步检查验电器合格	1	未初步检查工作触头扣1分		
		(4)(提问)验电前应先将验电器在带电的设备上验电,证实验电器良好	1	回答不正确扣1分		
		(5)绝缘棒外观无明显缺陷,绝缘部分和握手部分之间有护环隔开	1	未检查扣1分		
		(6)(提问)工作触头(起动电压试验)和绝缘棒(工频耐压试验)的试验周期为12个月	1	回答不正确扣1分		
4.2	使用	(1)验电前应先将验电器在带电的设备上验电,证实验电器良好,再对需接地的设备逐相进行验电	4	未先将验电器在带电的设备上验电扣2分;未逐相进行验电扣2分		
		(2)验电器的工作触头不能直接接触带电体,只能逐渐接近带电体,直至验电器发出声、光报警信号为止	2	将工作触头直接接触带电体扣2分		
		(3)应注意不使验电器受邻近带电体的影响而发出信号	2	使验电器受邻近带电体的影响而发出信号扣2分		
		(4)同杆架设多层电力线路进行验电时,应先验低压,后验高压;先验下层,后验上层;先验距人体较近的导线,后验距人体较远的导线	2	顺序错误扣2分		
		(5)工作人员应要戴绝缘手套,穿绝缘靴	2	未戴绝缘手套或未穿绝缘靴扣2分		
		(6)应手拿绝缘棒的握手部分,手不可超出护环;人体应与验电设备保持安全距离	2	手超出护环扣1分,与验电设备安全距离不够扣2分		
		(7)雨雪天不得进行室外直接验电	2	回答不正确扣2分		

续表

序号	作业名称	质量标准	分值(分)	扣分标准	扣分	得分
4.3	保管	(1)使用后必须擦干净,放置处不得直接接触地面、墙面,防止受潮、脏污	1	未清洁扣0.5分,放置不当扣0.5分		
		(2)要和其他工器具分开放置,以免损伤	1	放置不当扣1分		
		(3)验电器应成套(工作触头和绝缘棒),定置摆放	1	放置不当扣1分		
5	安全帽					
5.1	检查	(1)检查合格证、生产日期是否完善,并在合格期内	1	未检查合格证、生产日期各扣0.5分		
		(2)外观:外壳无龟裂、下凹、裂痕和磨损等情况,发现异常现象要立即更换,不得继续使用。任何受过重击、有龟裂的安全帽,不论有无损坏现象,均不得使用	1	未进行外观检查扣1分		
		(3)连接部件:帽檐、后箍、透气孔、帽衬接头完好,吸汗带无破损,下颌带、顶衬、顶衬托带无破损、断裂,后箍调节器、下颌带调节器能灵活调节,卡位牢固,顶衬与帽顶之间的距离在25~50 mm	1	未进行连接部件检查扣1分		
5.2	使用	(1)戴安全帽前应将后箍、下颌带按自己头形调整到适合的位置,然后将帽内弹性带系牢	1	佩戴前未调节后箍、下颌带各扣0.5分		
		(2)双手持帽檐,将安全帽从前至后扣于头顶,调整好后箍,系好下颌带,保证戴好后的安全帽不歪、不晃、不露(露长发)	2	佩戴不符合要求扣0.5分/项,2分扣完为止		
		(3)将长头发束好,放入安全帽内(仅适合长发同志)	1	未将长头发放入安全帽内扣1分		
5.3	保管	(1)保持清洁无脏污,置于专用工器具柜或货架,避免受到挤压	1	放置不当扣1分		
		(2)避免存放在酸、碱、高温、日晒、潮湿、有化学溶剂的场所	1	放置不当扣1分		
		(3)严禁与硬物、尖状物放置在一起	1	放置不当扣1分		
6	接地线					
6.1	检查	(1)电压等级:与接地设备电压等级相对应,切不可任意取用	1	未检查扣1分		

续表

序号	作业名称	质量标准	分值(分)	扣分标准	扣分	得分
6.1	检查	(2)标签、试验合格证：有标签、试验合格证，试验日期应在有效期内，否则不能使用	1	未分别标签、试验合格证各扣0.5分		
		(3)连接部件及外观： a.软铜线透明护套无严重磨损； b.铜线无断股、散股、松股，其截面积不小于25 mm^2； c.三相合一处连接牢固； d.螺栓紧固，无松动、滑丝、锈蚀、融化现象； e.夹具完好无裂纹弹性正常； f.绝缘操作棒表面清洁光滑、无气泡、皱纹、开裂、划伤，绝缘漆无脱落； g.有护环且护环完好	3	少检查一项扣0.5分，3分扣完为止		
6.2	使用	(1)装接地线之前必须验电，验电位置必须与装设接地线的位置相符	2	未验电或装设位置错误扣2分		
		(2)装设接地线需两人进行，一人操作，一人监护	2	未一人操作一人监护，扣1分		
		(3)操作时保证与相邻带电体足够的安全距离	1	未与相邻带电体足够的安全距离扣1分		
		(4)戴绝缘手套，手握护环以下	1	未戴绝缘手套或手超过护环扣1分		
		(5)正确的装拆顺序：装设接地线时，先接接地端，后接导线端；先挂低压，后挂高压；先挂下层，后挂上层。拆接地线时的顺序与此相反	3	未正确装拆接地线，扣3分		
6.3	保管	(1)应保持清洁，存放在干燥的室内专用安全工器具柜内	1	放置不当扣1分		
		(2)每组接地线均应编号，并存放在固定的地点	1	放置不当扣1分		
		(3)存放位置亦应编号，接地线号码与存放位置号码必须一致	1	放置不当扣1分		
7	工作终结	(1)整理工器具并将安全用具摆放至初始状态	1	未整理工器具或摆放不整齐扣1分		
		(2)汇报考官，考试完毕	0.5	未汇报考官，扣0.5分		
	合计		100			

2. 学生自评

学生自评表见表2-2-4所列。

表2-2-4　学生自评表

序号	任务	完成情况记录
1	是否按计划时间完成（15）	
2	相关理论完成情况（15）	
3	技能训练情况（25）	
4	任务完成情况（25）	
5	任务创新情况（10）	
6	收获（10）	

3. 学生互评

学生互评表见表2-2-5所列。

表2-2-5　学生互评表

序号	评价内容	小组互评	签名
1	是否按计划时间完成（15）		
2	完成上交情况（20）		
3	完成质量（25）		
4	语言表达能力（15）		
5	小组合作面貌（15）		
6	创新点（10）		

八、拓展思考

实训现场除了要求正确检查、使用和保管安全工器具以外，实训学员是否会正确检查、使用仪器仪表也是能否正常实施实训的关键要点，请了解万用表、绝缘电阻表等仪器仪表的正确检查、使用方式。

35 kV开关站巡视

（一）巡视注意事项

1. 必须遵循《国家电网公司电力安全工作规程（发电厂部分和水电站部分）》有关规定，保持与带电设备足够的安全距离，110 Kv大于1.5 m，35 kV大于1.0 m，10 kV大于0.7 m；
2. 不能擅自打开网门，不能擅自移动安全围栏，不能擅自跨越固定围栏，不得进行与巡视无关的其他工作；
3. 发现设备缺陷，不能擅自处理；
4. 不能擅自改变设备状态，不能擅自变更工作地点的安全措施；
5. 上下楼梯注意防滑。

（二）巡视前准备

1. 穿工作服、工作鞋，戴安全帽、线手套；
2. 安全帽：检查外观、标签、合格证，确认下颌带完好；
3. 检查电筒外观、标签，确认照明度足够；
4. 检查值班移动电话外观，确认通讯效果完好；
5. 检查听音器外观，确认使用完好；
6. 检查测温枪外观，确认性能完好；
7. 携带控制柜钥匙。

（三）教学电厂开关站主要设备巡视要点简介（表2-2-6）

表2-2-6　教学电厂开关站主要设备巡视要点简介

现场图片	相关设备、设施	巡视要点简介
	开关站大门	(1)开关站铁门锁具完好； (2)栏杆上悬挂"高压危险""禁止翻越"等安全警示牌。

续表

现场图片	相关设备、设施	巡视要点简介
	35 kV 真空断路器	(1)断路器编号及名称标识清晰,且与设备相符; (2)外壳接地扁钢完好牢固,无锈蚀、断裂; (3)断路器分合位置指示正确; (4)无异常放电声响; (5)母排无异常弯曲、变形,各连接部分接触良好,无过热变色现象; (6)绝缘子无裂纹,无破损放电痕迹; (7)操作机构箱门平整,开启灵活,关闭严密,无锈蚀; (8)"远方/现地"把手在"远方"位置; (9)二次接线完好,无松动、脱落,无焦臭味; (10)储能电机电源开关 DK 投入,储能指示显示"已储能"。
	35 kV 隔离开关	(1)隔离开关编号及名称标示清晰,且与设备相符,外观清洁; (2)本体无位移,基础螺丝无松动; (3)隔离开关接地扁钢完好牢固,无锈蚀、断裂; (4)绝缘子完好,无裂纹、破损,无放电现象,无灰尘积淀; (5)隔离开关触头接触良好、严密,无发热变形现象; (6)操作杆及传动机构完好无损,无锈蚀,无变形、变位及松动脱落现象; (7)五防锁正确装设。
	35 kV 接地刀闸	(1)操作杆及传动机构完好无损,无锈蚀,无变形、变位及松动脱落现象; (2)接地扁钢完好、牢固,无锈蚀、断裂; (3)接地刀闸静触头无烧伤,无变形,无锈蚀,无倾斜; (4)五防锁正确装设。

续表

现场图片	相关设备、设施	巡视要点简介
	35 kV电流互感器	(1)电流互感器编号及名称标示清晰，且与设备相符，外观清洁，各连接部件牢固，本体无位移，基础螺丝无松动； (2)接地扁钢完好牢固，无锈蚀、断裂； (3)电流互感器内部声音正常，无异常放电声响及剧烈振动声音，无渗漏油现象，油位正常，油色正常； (4)母排无异常弯曲变形，各连接部分接触良好，无过热、变色现象，支持绝缘子无渗漏油现象，无裂纹，无破损放电痕迹； (5)电流互感器二次接线完好，无焦臭味，无松动、脱落现象。
	35 kV电压互感器	(1)电压互感器编号及名称标示清晰，外观清洁； (2)各连接部分牢固，基础螺栓无松动，本体无位移； (3)接地扁钢完好牢固，无锈蚀、断裂； (4)电压互感器内部声音正常，无异常放电声响及剧烈震动声音，无漏油现象，油色、油位正常； (5)高压熔断器外部瓷瓶完好，两侧母排接头无发热，支持构架无倾斜； (6)控制箱内熔断保险的端子排接线完好，无焦臭味，无变形、变位。
	35 kV避雷器	(1)避雷器套管清洁、完好，内部无异常放电声音； (2)放电记录器密封良好，指示正确； (3)本体接地良好，接地引下线牢固可靠，无锈蚀。

续表

现场图片	相关设备、设施	巡视要点简介
	35 kV 母线引出线	(1)引出线支持绝缘子清洁,无破损,无裂纹和放电闪络现象; (2)母线接头无发热,无变色。
	开关站消防设施	(1)消防器材不超期,合格证书齐全; (2)消防器材数量和存放符合要求。

任务三　紧急救护

一、学习情境

在电力生产实践过程中,存在着多种风险因素以及职业病危害因素。在作业前明确现场危险点及预控措施,在作业过程中实施控制,可预防人身、设备、电网事故发生,远离职业病,从而实现安全生产"可控、能控、在控"的目标。但电力生产实践过程中,由于人的不安全行为、物的不安全状态、管理上的缺陷,导致人身触电、机械伤人等事故仍有发生。因此,作业人员除了需学会现场风险分析预控,还需学会紧急救护的基本知识及技能,尤其应学会触电急救,事故发生时能及时救护,避免可能发生的伤亡,达到现场自救、互救的目的。

二、学习目标

1. 知识目标
（1）能够准确说出触电急救的注意事项；
（2）能够准确说出触电急救的操作流程。

2. 技能目标
（1）能正确实施触电急救；
（2）在触电急救过程中能做好自我保护。

3. 思政目标
（1）培养团队协作能力，做到实训现场"四不伤害"；
（2）树立"人民至上，生命至上"的安全理念；
（3）以小组的形式开展学习讨论，培养交流沟通能力和语言表达能力，建立协作理念。

三、任务书

认真学习紧急救护的方法，掌握相关技能。

四、任务咨询

▶ **引导问题1：** 身边有人触电该怎么办？

（1）身边有人触电，第一项任务应该是断开电源，请列出相关注意事项。

_____
_____
_____
_____

（2）在确认周边环境安全后，应及时确认伤者的意识、呼吸、心跳，应怎样操作？

_____
_____
_____
_____
_____

（3）在伤者无意识、无呼吸心跳的情况下，首先应及时呼救，拨打"120"急救电话，寻找AED装置等。有何注意事项？

_____
_____
_____
_____

（4）在医护人员到达之前，掌握救护技能的人员应及时通过心肺复苏拯救伤者。在救护前，应对伤者体位如何处理？

_____
_____
_____
_____

（5）心肺复苏法是按照30：2的比例开展胸外按压和口对口人工呼吸。在操作过程中有哪些注意事项？

_____
_____
_____
_____
_____

（6）通过心肺复苏，伤者面色恢复红润，应及时对伤者检查确认哪些内容？

_____
_____
_____
_____
_____

（7）心肺复苏成功后，还应做到什么？

_____
_____
_____

（8）请通过自查、互查、教师抽查的方式，确认是否已掌握触电急救的操作流程。

_____

_____

_____

五、准备决策

实训任务：触电急救徒手心肺复苏操作

1. 作业任务

运用现场心肺复苏法（CPR）对触电者进行紧急救护，模拟人型号为BIX-CPR490。该项目为单人操作，时间为10分钟。

2. 引用标准及文件

《国家电网公司电力安全工作规程》（变电部分）。

3. 作业条件

作业人员精神状态良好，熟悉心肺复苏法操作流程和要点。

4. 作业前准备

（1）按照场景要求着装；

（2）考生自行做好消毒及其他准备工作；

（3）考生可在开始前试按压10次、试吹气2次。

六、工作实施流程

1. 着装与表情要求

着装整洁，表情端庄。

2. 操作前的准备工作

操作开始前应戴安全帽、线手套（生产现场安全要求），操作模拟人前应摘除安全帽及线手套。

3. 评估周围环境安全

观察周围环境，双臂伸直、五指并拢、掌心向下。要有上、下、左、右动作，口述"周围环境安全"。时间：5秒内完成。

4. 判断意识及呼吸

（1）轻拍被施救人双肩，分别对其双耳大声呼叫；

（2）看：看伤员的胸部、腹部有无起伏动作；

（3）听：贴近患者口鼻处，用耳朵听有无呼气声音；

（4）试：贴近患者口鼻处，用脸颊感觉病人有无气流呼出；

（5）看、听、试同时完成；

（6）时间约为10秒，口述："患者无意识、无自主呼吸"。

5. 呼救

（1）寻求他人帮助，"快来人，这边有人晕倒了""我是救护员，会救护的来帮忙"；

（2）指定专人拨打120，并向其确认结果；

（3）指定专人将附近的AED装置拿过来；

（4）时间：15秒内完成。

6. 摆放体位

急救者与伤员体位正确，整理患者体位、解开衣扣拉链、松解腰带。时间：5秒内完成。

7. 胸外心脏按压

立即进行胸外心脏按压30次。按压时观察患者面部反应。

胸外心脏按压方法如下。

（1）双手扣手，两肘关节伸直（肩肘腕关节呈一直线）；

（2）以身体重量垂直下压，压力均匀，不可使用瞬间力量；

（3）按压部位为胸骨中下1/3交界处；

（4）按压频率为100~120次/分；

（5）按压深度为5~6 cm（SBK/CPR 350），每次按压后胸廓完全弹回，保证按压与松开时间基本相等。

8. 开放气道

（1）观察患者口腔内有无异物，并用手指清理其口腔内异物，动作娴熟；

（2）压额抬颏：左手小鱼际压住病人额头部，右手中指、食指合拢抬起下颌骨，充分开放气道。

9. 吹欠

压头抬颏同时吹气2口，吹气时要用左手拇指、食指捏住患者鼻翼，以防止漏气。吹气后转头呼吸新鲜空气，并观察胸廓有无起伏，同时松开捏鼻翼的左手拇指、食指。

10. 胸外按压与人工呼吸

再做4个周期30∶2，胸外按压与人工呼吸比率为30∶2。

11. 复检

最后一个周期吹气2口后复检。

（1）看：看伤员的胸部、腹部有无起伏动作；

（2）听：贴近患者口鼻处，用耳朵听有无呼气声音；

（3）试：贴近患者口鼻处，用脸颊感觉患者有无气流呼出；

（4）看、听、试同时完成；

（5）时间约为10秒。

最后口述"患者自主呼吸恢复，面色红润，心肺复苏成功"。

12. 时间要求

所用时间：从第一次按压开始至最后两次人工呼吸结束110~120 s。

13. 整理模拟人后退场

（1）整理伤员衣服，做好人文关怀，口述"我是救护员，已经帮您拨打120，在专业医护人员到达之前我会一直陪着您，有任何情况请及时告诉我，请不要担心"；

（2）清理现场遗留物，报告操作完毕。

七．评价反馈

1. 操作评价表

《触电急救徒手心肺复苏操作》评分标准见表2-3-1所列。

表2-3-1 《触电急救徒手心肺复苏操作》评分标准

班级： 姓名： 学号： 考评员： 成绩：

序号	考核要点	分值	评分标准	扣分原因	得分
1	工作准备： （1）考生自行做好消毒及其他准备工作； （2）考生可在开始前试按压10次、试吹气2次； （3）准备工作结束后向考评员示意，申请开始考试				
1.1	（1）着装整洁，仪表端庄； （2）操作开始前应戴安全帽、线手套（生产现场安全要求），操作模拟人前应摘除安全帽及线手套	2	（1）操作开始前着装等不符合要求扣1分； （2）操作模拟人时未摘除安全帽、线手套扣1分		
2	评估环境				
2.1	观察周围环境，双臂伸直、五指并拢、掌心向下，要有上、下、左、右动作，口述"周围环境安全"。时间：5秒内完成	2	（1）动作不到位扣1分； （2）未口述或口述不清晰扣1分； （3）超过5秒扣1分		
3	判断意识及呼吸				
3.1	（1）轻拍被施救人双肩，分别对其双耳大声呼叫； （2）看：看伤员的胸部、腹部有无起伏动作； （3）听：贴近患者口鼻处，用耳朵听有无呼气声音； （4）试：贴近患者口鼻处，用脸颊感觉患者有无气流呼出； （5）看、听、试同时完成； （6）时间约为10秒，口述："患者无意识、无自主呼吸"	6	（1）未执行双耳呼救，动作不规范扣1分，漏项每处扣1分； （2）未执行呼吸判定扣6分，动作不规范每项扣1分； （3）判断时间大于10秒或小于8秒扣1分，未口述或口述不清晰扣1分		

续表

序号	考核要点		分值	评分标准	扣分原因	得分
4	呼救					
4.1	（1）寻求他人帮助，"快来人，这边有人晕倒了；我是救护员，会救护的来帮忙"； （2）指定专人拨打120，并向其确认结果； （3）指定专人将附近的AED装置拿过来； （4）时间：10秒内完成		3	呼救未表明身份、未寻求帮助扣1分，未指定专人拨打120扣1分，未请求他人拿AED扣1分，超过15秒扣1分		
5	摆放体位					
5.1	急救者与伤员体位正确，整理患者体位、解开衣扣拉链、松解腰带。时间：10秒内完成		3	急救者与伤员体位错误扣1分，未解开衣扣拉链、松解腰带扣2分，超时扣1分		
6	胸外按压					
6.1	按压位置为两乳头连线中点胸骨下1/2段		3	未判断位置或位置判断不正确扣3分		
	有效按压（绿灯亮有效），按压频率每分钟100～120次	第一周期	9	（1）位置不正确扣5分。 （2）按压次数每减少或增加1次扣1分。按压每错1次扣0.5分。 （3）每周期扣分（每周期扣分扣完为止，不再倒扣另外周期分值）： ①频率不符扣5分，节奏前后不一致扣1分，按压间断扣1分/次； ②未观察患者面色及唇色变化扣1分； ③按压姿势（双手掌根重叠，十指相扣拉起下方手指，使手指离开胸壁；以髋关节为轴，腰背部发力，收肩夹肘，双肩正对双手，垂直向下按压）不正确每项扣0.5分，每周期不大于3分； ④高声报数，声音小或未报数扣1分		
		第二周期	9			
		第三周期	9			
		第四周期	9			
		第五周期	9			
7	人工呼吸					
7.1	清除口腔异物		2	观察口腔有无异物方法不正确或不规范扣1分，清除口腔异物方法错误扣2分		

093

续表

序号	考核要点		分值	评分标准	扣分原因	得分
7.2	用仰头抬颏法将气道打开，使头后仰；首次通气有效		4	压头方法不规范扣1分，抬颏方法不正确扣1分，气道打开角度不足90度扣2分，首次通气无效扣2分		
	有效人工呼吸（绿灯亮有效）	第一周期	2	（1）吹气每增加或减少1次扣1分，吹气错误扣1分/次。 （2）每周期扣分（每周期扣分扣完为止，不再倒扣另外周期分值）： ①未采用仰头抬颏法扣1分，气道未开放扣2分； ②捏、放鼻翼动作不正确、漏气，不转头呼吸新鲜空气同时观察患者胸廓起伏情况，每项扣0.5分，每周期不大于1分		
		第二周期	2			
		第三周期	2			
		第四周期	2			
		第五周期	2			
8	复检					
8.1	（1）看：看伤员的胸部、腹部有无起伏动作； （2）听：贴近患者口鼻处，用耳朵听有无呼气声音； （3）试：贴近患者口鼻处，用脸颊感觉患者有无气流呼出； （4）看、听、试同时完成； （5）时间约为10秒		5	（1）未执行呼吸判定扣6分，动作不规范每项扣1分； （2）判断时间大于10秒或小于8秒扣1分		
	最后口述"患者自主呼吸恢复，面色红润，心肺复苏成功"		2	未口述或口述不清晰扣2分，未判断该项不得分		
9	时间要求					
9.1	所用时间：从第一次按压开始至最后两次人工呼吸结束		10	110～120秒10分； 120～130秒8分； 130～140秒6分； 超过140秒不得分； 少于110秒，则每5秒钟扣2分，100秒以下不得分		
10	整理现场					

续表

序号	考核要点	分值	评分标准	扣分原因	得分
10.1	（1）整理伤员衣服，做好人文关怀，口述"我是救护员，已经帮您拨打120，在专业医护人员到达之前我会一直陪着您，有任何情况请及时告诉我，请不要担心"； （2）清理现场遗留物，报告操作完毕	3	未整理伤员衣服扣1分，未口述或口述错误扣1分，未清理现场扣1分		
备注：每项分值扣完为止，不得倒扣分					

2. 学生自评

学生自评表见表2-3-2所列。

表2-3-2 学生自评表

序号	任务	完成情况记录
1	是否按计划时间完成（15）	
2	相关理论完成情况（15）	
3	技能训练情况（25）	
4	任务完成情况（25）	
5	任务创新情况（10）	
6	收获（10）	

3. 学生互评

学生互评表见表2-3-3所列。

表2-3-3 学生互评表

序号	评价内容	小组互评	签名
1	是否按计划时间完成（15）		
2	完成上交情况（20）		
3	完成质量（25）		
4	语言表达能力（15）		
5	小组合作面貌（15）		
6	创新点（10）		

八、拓展思考

（1）在生产作业现场除了可能发生触电伤害以外，还可能发生一些工具伤人、外力伤害等事件，请尝试了解外伤包扎相关技术知识。

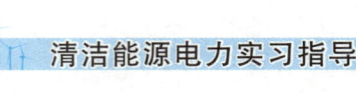

（2）掌握现场急救措施十分关键，若能有效预防现场事故发生则更为上策。尝试从人、机、料、法、环五个方面分析作业现场如何有效预防事故发生。

（3）如今，在国内外很多公共场所都配备了AED装置，请尝试了解AED装置的使用方法和注意事项。

拓展阅读

（一）什么是AED装置

AED装置又称自动体外除颤器，是一种便携式、易于操作，稍加培训即能熟练使用，专为现场急救设计的急救设备，其国际通用标志如图2-3-1所示。从某种意义上讲，AED不仅是一种急救设备，更是一种急救新观念，一种由现场目击者最早进行有效急救的观念。它区别于传统除颤器可以经内置电脑分析和确定发病者是否需要予以电除颤。除颤过程中，AED的语音提示和屏幕动画操作提示使操作更为简便易行。自动体外除颤器对多数人来说，只需短时的培训便能操作。

图2-3-1　AED装置国际通用标志

自动体外除颤器是针对两种患者而设计的：一是心室颤动（或心室扑动）患者，二是无脉性室性心动过速患者。

这两种患者和无心率一样不会有脉搏，在这两种心律失常时，心肌虽有一定的运动但却无法有效将血液送至全身，因此须紧急以电击矫正。在发生心室颤动时，心脏的电活动处于严重混乱的状态，心室无法有效泵出血液。在心动过速时，心脏则是因为跳动太快而无法有效打出充足的血液，通常心动过速最终会变成心室颤动。若不矫正，这两种心律失常会迅速导致脑部损伤和死亡。每拖延一分钟，患者的生存概率即降低10%。

（二）哪里能找到AED装置

近年来，国内大部分公共场合都配置了AED装置，如机场、火车站、公园、学校等。但是，因为AED装置一般采用定点设置，而意外的发生通常毫无防备，不分时间、地点，因此在有患者需要AED装置进行急救时，需要熟悉周围环境的人及时去找到AED装置。图2-3-2为校园内的AED装置。

图2-3-2　校园内的AED装置

模块三 水力发电的运行与维护

任务一 水力发电厂认知学习

一、学习情境

电力系统是现代化社会人们生活和生产不可或缺的动力能量，水力发电从业者是电力工业的先驱者。水力发电是利用水的能量（势能和动能），将水的能量转换为机械能，通过发电机将机械能转换为电能，再通过变电传输环节，将电能送给用户使用。

请参考相关阅读资料，认识坝后式、河床式、无压引水式和有压引水式四种水电站的基本布置形式，了解其组成建筑物和它们相互间的联系。

二、学习目标

1. 知识目标

（1）能够准确说出水电站按集中水头方式和按运行方式分类，各有哪些基本类型？各类型水电站有哪些特点？

（2）能够准确说出不同水电站由哪些水工建筑物组成？

（3）能够准确说出实习所在的水电厂属于哪一类型的水电厂？由哪些建筑物构成？并画出示意图。

2. 技能目标

（1）能够掌握计算机监控系统的基本知识；

（2）能够掌握变压器的基本知识；

（3）能够掌握水轮发电机组的基本知识。

3. 思政目标

（1）培养对水力发电技术知识的兴趣，掌握科学的学习方法；

（2）以小组的形式开展学习讨论，培养沟通能力和语言表达能力，建立协作理念。

三、任务书

对水轮发电技术建立认知，并能阐述我国水力发电相关政策。

四、任务咨询

▶ **引导问题1：** 谈谈你对水力发电的基本认识。

（1）请简述水电站各有哪些基本类型？

_____
_____
_____
_____

（2）请阐述不同水电站由哪些水工建筑物组成？

_____
_____
_____
_____
_____

（3）你实习所在的水电厂属于哪一类型的水电厂？由哪些建筑物构成？

_____
_____
_____
_____

相关阅读1

（一）坝后式水电站

坝后式水电站的特点是建有相对较高的拦河坝，以集中落差形成一定库容，可以进行水量调节，如图3-1-1所示。这种水利枢纽一般具有防洪、灌溉、发电、航运、给水等综合效益。其主要建筑物有拦河坝、泄水建筑物和水电站厂房，另外可能有为其他专业部门而设的建筑物，如船闸、灌溉取水口、工业取水口、筏道和鱼道等。水电站建筑物集中布置在电站坝段，坝上游侧设有进水口，进水口设有拦污栅和闸门及启闭设备等。压力钢管一般穿过坝身向机组供水。电站厂房置于坝下游，坝与厂房一般用沉陷缝

分开。厂房不起挡水作用。坝后式水电站一般修建在河流的中、上游,由于筑坝壅水,会造成一定的淹没损失,在河流中上游一般允许淹没到一定高程而不致造成太大损失。

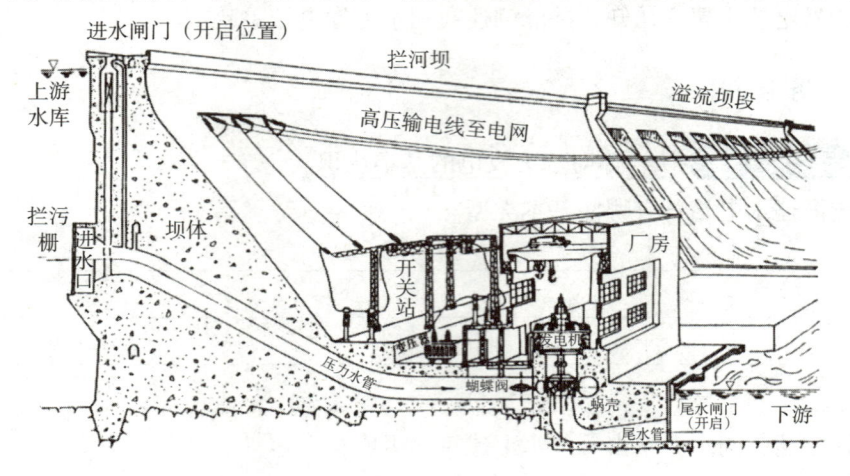

图3-1-1 坝后式水电站示意图

（二）河床式水电站

河床式水电站多修建在河流河面较宽、比降较小的中、下游河段上,由于地形平坦,不允许淹没更多的土地,只能修建较低的闸坝来适当抬高水头,如图3-1-2所示。这种水电站因为水头低,流量相对较大,水轮机多采用钢筋混凝土蜗壳。这样,厂房尺寸和重量均较大,厂房可以直接承受水压力,作为挡水建筑物的一部分与闸坝建在河床中的同一轴线上。实践经验表明其适用水头范围,对大中型水电站可达25～35 m,对小型水电站在8～10 m以下。河床式水电站没有专门的引水管道,上游水流直接由厂房上游的进水口进入水轮机。

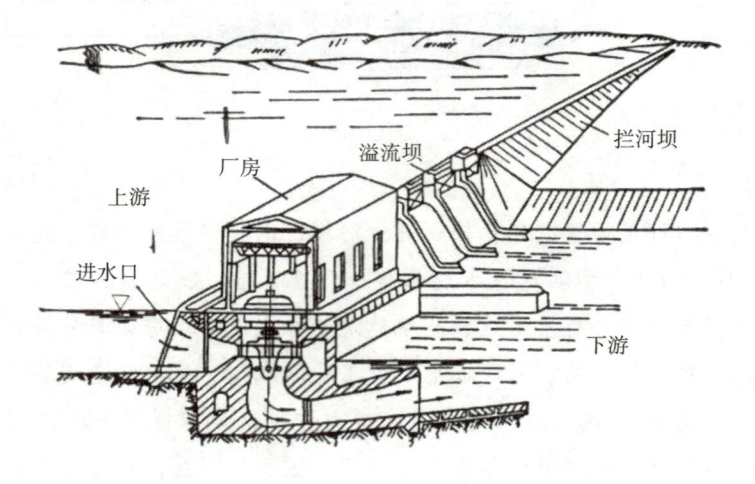

图3-1-2 河床式水电站示意图

（三）无压引水式水电站

无压引水式电站的主要特点是具有较长的无压引水道。它多修建在河道比降较陡，或有较大河湾的河段上，利用比降较缓的引水道来集中落差，如图3-1-3所示。这种水电站的建筑物一般由以下三部分组成。

（1）首部枢纽：包括拦河闸坝、冲砂闸、进水口，有时还设有沉砂地。拦河闸坝一般较低，河床部分多建成溢流坝以宣泄洪水。进水口多作成进水闸形式。冲砂闸建在进水闸附近，以保证有害泥沙不致进入引水道。在多泥沙河流上，进入引水道的泥沙由沉沙池处理后排入原河道或其他洼地。

（2）引水建筑物：引水道为明渠或无压隧洞，其前端直接与首部枢纽的进水口相接，根据地形和需要，在引水渠上可设渡槽、涵洞、倒虹吸、桥梁等附属建筑物。其尾部与压力前池相连。

（3）厂区枢纽：主要包括压力前池、泄水道、压力水管、电站厂房、尾水渠及变电配电建筑物等。压力前池的作用主要是，将引水道引来的水通过压力水管分配给水轮机，另外有清除污物、宣泄多余水量与调节水位等作用。当电站承担峰荷时，还可在压力前池附近设日调节池。

无压引水式水电站的优点是淹没损失小、工程简易、造价较低。但其库容很小，河流水量利用率低，综合利用效益很小。

图3-1-3 无压引水式水电站示意图

（四）有压引水式水电站

有压引水式水电的主要特点是有较长的有压引水道，如有压隧洞或压力管道，其组成建筑物可分为首部枢纽、引水建筑物和厂区枢纽三部分，如图3-1-4所示。

首部枢纽包括拦河坝、电站进水口和泄水建筑物等。进水口可能采用潜没式进水

口。当为当地材料坝时，多建有河岸溢洪道。在有压引水道很长时，为了减小因负荷突然变化，在压力水管中产生的水锤压力和改善水电站运行条件，常常需要在有压引水道和压力水管的连接处设置调压室。

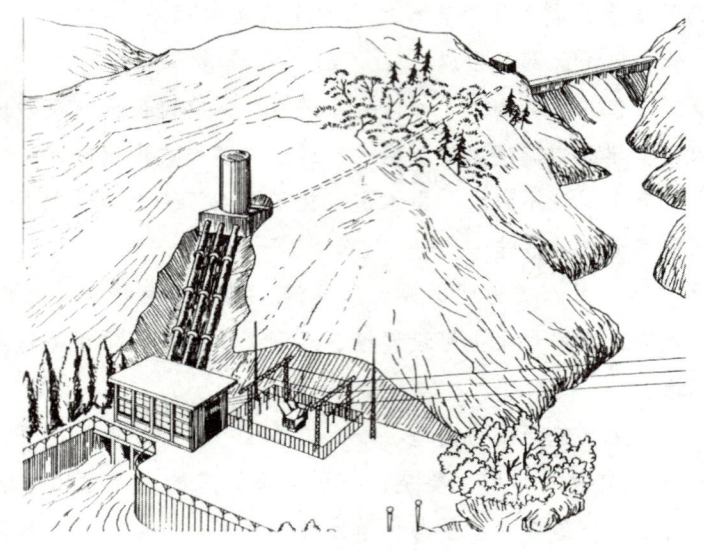

图3-1-4 有压引水式水电站示意图

（五）进水口

在水利水电工程中，为发电、工业与民用供水、灌溉、泄洪等目的，要修建进水建筑物，简称"进水口"。如果主要目的是为了发电而修建的进水口，称为水电站的进水口。水电站进水口分为潜没式（深式）进水口和开敞式进水口两种。潜没式进水口位于水库水面以下，它可以单独设置，也可以和挡水建筑物结合在一起。潜没式进水口通常在一定的压力水头下工作，适用于从水位变化幅度较大的水库中取水。开敞式进水口的水流具有自由表面，适用于从天然河道或水位变化不大的水库中取水。水电站进水口的功用是在规定的水位变化幅度内引进发电用水，并可拦截泥沙和污物以保证水质要求。在引水系统或厂房发生事故或需要检修时，关闭闸门，截断水流。某些情况下（例如对于开敞式进水口），可利用闸门的不同开度调节引水流量。

进水口应满足下列要求：

（1）进水流量必须满足发电及其他用水要求；

（2）水流平顺，水头损失小；

（3）设置闸门或其他节制水流的措施；

（4）设置拦污设施，在严寒地区还应采取防水与排水措施；

（5）在多泥沙的河流上取水，应设置拦沙与冲沙措施；

(6) 满足水工建筑物一般要求。如应有足够的强度、刚度和稳定性，结构简单，造型美观，便于施工、运用与检修。

（六）引水建筑物

引水建筑物可分为无压引水建筑物和有压引水建筑物两大类。前者最常用的为渠道，在某些情况下也可采用无压引水隧洞，在压力前池以前的部分；后者最常用的为有压隧洞，在调压室以前的部分。引水建筑物的功用是集中落差和输送发电所需的流量。应当满足下列要求。

(1) 应有足够的输水能力，并能适应发电流量的变化要求。

(2) 应保证发电用水的水质符合要求，不使有害的污物和泥沙进入水轮机。对于有压引水建筑物，只需在进水口处防止有害污物和泥沙进入，以保证水质要求；而对无压引水渠道，则除了在进水口采取如前述的工作措施外，在渠道沿线及渠末压力前池处还应再次采取拦污、防沙的工程措施。

(3) 运行安全可靠。对于有压引水建筑物的压力隧洞来说，除非发生特殊的事故，一般运行是安全可靠。但对于无压引水建筑物的引水明渠，则应满足不冲、不淤、防渗、防草和防止冰冻等要求。为此，要采用必要的渠道护面，选择合理的设计流速以及防冰的工程措施。

(4) 整个引水工程应通过技术和经济比较，选择技术和经济合理的方案，以便于施工和运行。

（七）压力前池

压力前池是无压引水道与压力水管之间的平水建筑物。它设置在引水渠道或无压引水隧洞的末端。压力前池的主要组成部分包括前室、进水室、泄水建筑物、冲沙孔和排水道等。

1.压力前池的功用

(1) 将渠道来水分配给各条压力水管，并设置闸门控制进入压力水管的流量。

(2) 拦截渠道中的漂浮物和有害泥沙，防止其进入压力水管。在严寒地区压力前池中还设有排冰道，以防止冰凌危害。

(3) 当压力前池设有泄水建筑物时，可泄掉多余水量，限制水位升高。当下游有其他用水要求时，在电站停止运行的情况下，可通过泄水建筑物向下游供水。

(4) 压力前池有一定容积，当电站负荷发生变化时，可暂时补充水量不足或容纳多余水量。

2. 压力前池的设备

压力前池的主要设备有拦污栅、检修闸门、工作闸门、通气孔、旁通管、启闭设备

和清污机等。

（1）拦污栅。

拦污栅的构造、作用等与潜没式进水口的拦污栅相同。拦污栅设置在进水室入口处的栅槽中，下端支承于进水室底板，上端支承于防护梁上，防护梁与工作桥相连。拦污栅一般与水平面成70°～80°倾斜放置。可采用人工清污或机械清污，有时为吊出栅片清污或检修，又不影响电站的正常运行，可采用双层拦污栅。

（2）检修闸门。

检修闸门位于工作闸门之前，但可能位于拦污栅之前或之后，供检修拦污栅、工作门和进水室时堵水之用，一般为叠梁式或平式闸门。

（3）工作闸门。

工作闸门的作用是当压力水管、水轮机阀门、或机组发生事故或检修时，用来关闭压力水管进口。另外，当电站长时间停机时，为了防止水轮机阀门漏水（有时水轮机不设阀门），也常需关闭工作闸门。工作闸门一般采用平面定轮闸门，对于较重要的电站，常做成快速闸门，用电动螺杆或电动卷扬式启闭机操作。

（4）通气孔。

通气孔应置在紧靠工作闸门的下游面，在钢管充水或放空过程中，工作闸门后须排气或补气，否则会引起钢管中产生有害的局部真空，并导致钢管的剧烈震动。为此，必须在紧接工作闸门的后面设置通气孔。当闸门为前止水时，可利用启闭工作闸门的竖井排气或补气，无须设置专门的通气孔。

（5）旁通管。

旁通管布置在进水室的边墙和隔墩内，一般用闸阀控制，旁通管可为铸铁管、钢管或钢筋混凝土管。

（6）启闭机。

拦污栅和检修闸门可采用移动式启闭机，工作闸门则应每个进水室采用一台固定启闭机。为了将拦污栅和闸门吊出检修，需设置启闭机架和工作桥。

（7）清污机。

清污机是清除附着在拦污栅上杂物的机械设备。在污物较多的水库或河道上，为保证水电站安全正常运行，常需设置清污机，以便在不停机和不放空水库的条件下进行清污。

（八）压力水管

由压力前池或水库向水轮机输水的管道叫作压力水管。它的特点是坡度陡、内水压力（包括静水压力和动水压力）大。压力水管是水电站枢纽的重要组成部分，设计施工中必须注意其安全可靠性和经济合理性，一旦失误将直接危及厂房的安全。压力水管有如下几种类型。

1. 按制作压力水管的材料分类

（1）钢管。

钢管一般由钢板焊接而成。它具有强度高、抗渗性能好等优点，故多用于高水头电站和坝式电站，其适用水头范围可由数十米至一千余米。钢管所用钢材的性能必须符合现行国家标准，钢管的主要受力构件应使用镇静钢。钢种宜用 A3、16Mn 和经正火的 15MnTi 等。

（2）钢筋混凝土管。

钢筋混凝土管分为现场浇筑的或预制的普通钢筋混凝土管和预应力、自应力钢筋混凝土管等类型。它们具有耐久、价廉、节约钢材等优点。普通钢筋混凝土管一般适用静水头 H 和管直径 D 的乘积 HD＜60 m^2，且静水头不宜超过 50 m 的中、小型水电站。近年来，预应力、自应力钢筋混凝土管有较大发展，它们具有弹性好、抗拉强度高等优点。其适用范围可达 300 m^2，静水头可达 150 m，用以替代钢管，可节约大量钢材，但制作要求较高。

2. 按压力水管的结构形式分类

（1）明管。

敷设于地表、暴露在空气中的压力水管叫作明管，又称露天式压力水管。无压引水式电站多采用此种结构形式。

（2）地下埋管。

埋入地层岩体中的压力水管叫作地下埋管，又称隧洞式压力水管。有压引水式电站多采用此种结构形式。

（3）坝内埋管。

埋设于坝体内的压力水管叫作坝内埋管。混凝土重力坝或重力拱坝等坝式厂房，一般均采用此种结构形式。

压力水管除上述三种结构形式外，还有坝后背管、回填管等。

（九）水电站厂房和厂区

现代水力发电的基本过程是将水能变为机械能，再把机械能变为电能，通过一系列的电气设备将电能送向电力系统。

将水能变为机械能是由水轮机来实现的，即由上游河流或水库引来的流量经引水渠道或隧洞，前池或调压室，再由压力水管输送给水轮机。通过水轮机后由尾水渠泄入下游河道。机械能变为电能是由发电机来实现的，发电机出线电压一般较低，某些小型水电站可能直接经输电线将电能送往用户或地方电网，而水电站一般需远距离送电，因此必须升压，升压是通过变压器实现的。

为了保证上述基本过程的实现，即保证水轮机、发电机、变压器的正常运行，还必须有一系列的辅助设备。为了研究方便，可将水电站的机电设备分为以下五个系统。

（1）水流系统：是完成将水能变为机械能的一系列过流设备，包括进水管、主阀（如蝴蝶阀）、水轮机引水室（如蜗壳）、水轮机、尾水管、尾水闸门、尾水渠等。

（2）电流系统：是发电、变电、配电系统，即电气一次回路系统，包括发电机、发电机引出线、发电机电压配电装置（户内开关室）、主变压器、高压配电装置（户外开关站）及各种电缆、母线等。

（3）电气控制设备系统：是控制水电站运行的电气设备，包括机旁盘、励磁设备、中央控制室各种电气设备，以及各种控制监测和操作设备，如互感器、表计、继电器、控制电缆、自动及远动装置、通讯及调度设备等。

（4）机械控制设备系统：包括水轮机的调速设备以及主阀、减压阀、拦污栅和各种闸门的操作控制设备等。

（5）辅助设备系统：是安装、检修、维护、运行所必须的各种机、电辅助设备，包括厂用电系统（厂用变压器、厂用配电装置、直流电系统等）；油系统（透平油和绝缘油的存放、处理、流通设备）；气系统（高、低压空压机、贮气筒、气管及阀门等）；水系统（技术供水、生活供水、消防供水、渗漏及检修排水等）；起重设备（厂房内外的桥式及门式起重机、各种闸门的启闭机等）；各种机电维修和试验设备；采光、通风、取暖、防潮、防火、安保、生活卫生等设备。

安装水轮发电机组的房间称为主厂房，是直接将水能变为电能的车间，是厂房的主体。为安装和检修主厂房内的机电设备需要设置安装间或称装配场，它通常位于主厂房的一端，并成为主厂房的一部分。

布置各种机电控制设备和辅助设备的房间，以及运行管理人员的工作和生活用房，统称为副厂房，一般围绕主厂房布置。常说的水电站厂房，就是主、副厂房的总称。

安装升压变压器的地方称为主变压器场。安装高压配电装置的地方称为开关站。它们通常布置在主副厂房附近的露天场地上。由于枢纽布置和地形条件的不同，变压器场和开关站可以分开布置，也可连在一起布置。当二者布置在一起时，称为升压变电站。

在水电站水利枢纽中，主厂房、副厂房、变压器场的开关站所在的区域称为厂区。

▶ **引导问题2：** 谈谈你对水力发电的主机设备的基本认识。

（1）请简述水力发电主机设备的组成。

_____

_____

（2）请简述水轮机的结构分类（以反击型为例）。

（3）请简述水电厂辅助设备的作用。

相关阅读2

（一）主机设备

水力发电的主机设备指对整个能量转换过程汇总起主要作用的设备，如水轮机、发电机等，如图3-1-5所示。

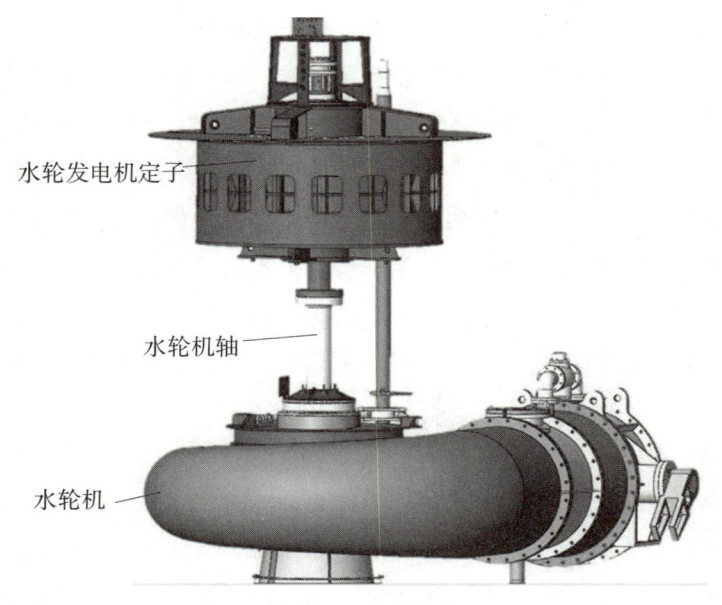

图3-1-5　主机设备

1. 主机设备——水轮机

水轮机的作用是将水能转变为机械能。水轮机是把水流的能量转换为旋转机械能的动力机械，它属于流体机械中的透平机械。早在公元前100年前后，我国就出现了水轮机的雏形——水轮，它是用于提灌和驱动粮食加工的器械，如图3-1-6所示。现代水轮机则大多数安装在水电站内，用来驱动发电机发电。在水电站中，上游水库中的水经引水管引向水轮机，推动水轮机转轮旋转，带动发电机发电。做完功的水则通过尾水管道排向下游。水头越高、流量越大，水轮机的输出功率就越大。

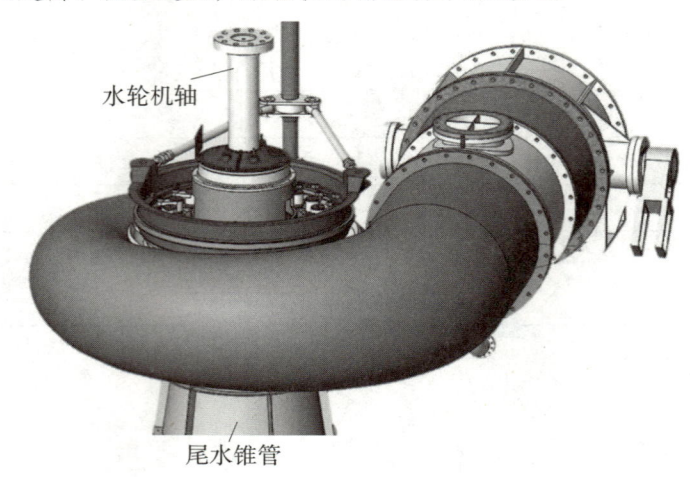

图3-1-6　水轮机

（1）水轮机的分类。

水轮机按工作原理可分为冲击式水轮机和反击式水轮机两大类。

冲击式水轮机的转轮受到水流的冲击而旋转，工作过程中水流的压力不变，主要是动能的转换，冲击式水轮机分为水斗式、斜击式和双击式。水斗式适用于高水头电站；斜击式适用于中小型水电站；双击式适用于较低的水头，但结构简单，效率较低。

反击式水轮机的转轮在水中受到水流的反作用力而旋转，工作过程中水流的压力能和动能均有改变，但主要是压力能的转换。反击式水轮机包括混流式、轴流式、斜流式和贯流式。混流式水轮机应用广泛，适用于较高的水头范围；轴流式水轮机适用于中低水头、大流量水电站；斜流式水轮机适用于中等水头范围；贯流式水轮机适用于较低的水头。

（2）水轮机的结构（以反击型为例）。

①引水部件。

水轮机引水部件的外形很像蜗牛壳，故通常简称"蜗壳"，如图3-1-7所示。为保证向导水机构均匀供水，所以蜗壳的断面逐渐减小，同时它可在导水机构前形成必要的环量以减轻导水机构的工作强度。其作用是以最小的水力损失把水流引向导水部件；保证沿导水部件的周围进水量均匀；水流轴对称，并有一定旋转；将过流部件浸没在水中。

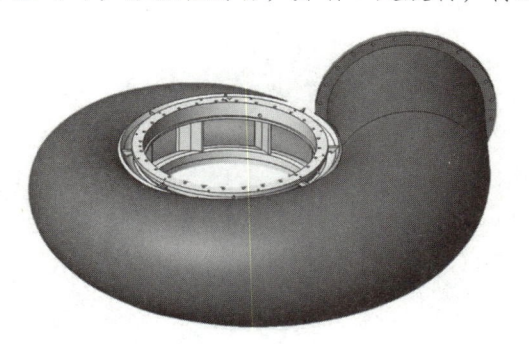

图 3-1-7 蜗壳

水轮机蜗壳可分为金属蜗壳和混凝土蜗壳。

高水头水轮机多采用金属蜗壳。金属蜗壳按其制造方法有焊接、铸焊和铸造三种类型。金属蜗壳的结构类型与水轮机的水头及尺寸关系密切。铸焊和铸造蜗壳一般用于直径 D1＜3 m 的高水头混流式水轮机。金属蜗壳的断面采用圆形为节约钢材，钢板厚度应根据蜗壳断面受力不同而异，通常蜗壳进口断面厚度较大，愈接近鼻端则厚度愈小。

混凝土蜗壳一般用于大、中型水头在 40 m 以下的低水头电站，它实际上是直接在厂房水下部分大体积混凝土中做成的蜗形空腔。浇筑厂房水下部分时预先装好蜗形的模板，模板拆除后即成蜗壳。为加强蜗壳的强度在混凝土中加了很多钢筋，所以有时也称为钢筋混凝土蜗壳。

②导水机构。

水轮机的导水机构主要包括控制环、导水叶、连杆、剪断销及传动机构等，如图 3-1-8 所示。其作用是以随着机组负荷变化自动调节进水量，使其与机组外负荷相平衡。

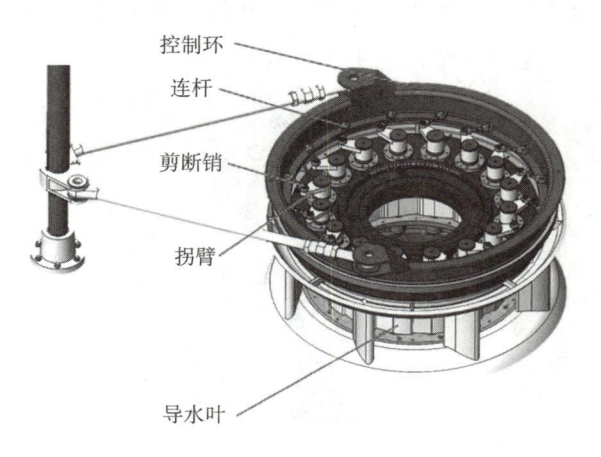

图 3-1-8 导水机构

③工作部件。

水轮机的工作部件为转轮，如图3-1-9所示，其作用是将水能转变为机械能。

图3-1-9　转轮

④泄水部件。

水轮机的泄水部件包括泄水锥和尾水管，如图3-1-10所示，其作用是将水流平稳地引到下游。

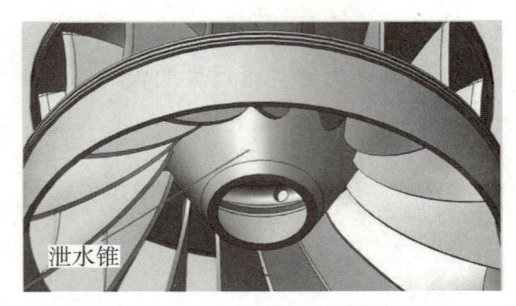

图3-1-10　泄水部件

⑤附属部件（水轮机主轴）。

水轮机附属部件为主轴，如图3-1-11所示，其作用是承受水轮机转轮重量及轴向水推力，传递水轮机扭矩。主轴上接发电机，下接水轮机。

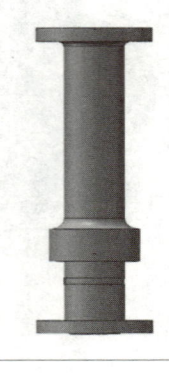

图3-1-11　水轮机主轴

⑥附属部件（水轮机主阀）。

水轮机主阀的作用是截断进入水轮机的水流，实现开停机。其形式有：蝴蝶阀、球阀、闸阀、平板闸门等。水轮机主阀如图3-1-12所示。

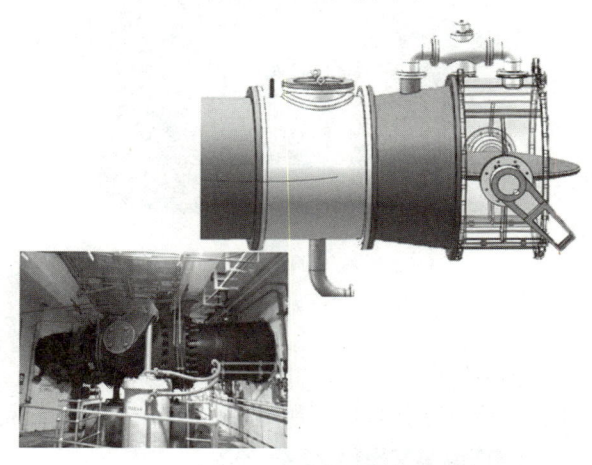

图3-1-12 水轮机主阀

⑦附属部件（水轮机轴承）。

水轮机轴承的作用是承受水轮机径向力，固定水轮机轴轴线。水轮机轴承如图3-1-13所示。

图3-1-13 水轮机轴承

2. 主机设备——水轮发电机

水轮发电机是将机械能转变为电能的装置，如图3-1-14所示。水轮发电机的主体结构有发电机转子和定子。

图 3-1-14　水轮发电机

（1）水轮发电机转子（图 3-1-15）。

作用：承受水轮机主轴轴向力及扭矩，形成转动惯量，产生磁场。

图 3-1-15　水轮发电机转子

（2）水轮发电机定子（图 3-1-16）。

作用：产生感应电势，送出发电机电流，承受机组转动部件重量及轴向水推力。

图 3-1-16　水轮发电机定子

3. 水电厂辅助设备

辅助设备是在主机能量交换过程中起辅助作用，不直接参与能量交换的设备。辅助设备主要由油、水、气系统组成。油、水、气均属于流动体，使用时必须有盛装的容器、输送的管道、控制的阀门和监视器具等。由这些设备组成的油、水、气复杂的回路称为油、水、气系统。

（1）油系统。

水电站的机电设备在运行中，由于设备的特性、要求和工作条件不同，需要使用各种性能的油品，大致有润滑油和绝缘油两大类。油系统组成：油库、油处理室、油化验室、油再生设备、管网、测量及控制元件，如图 3-1-17 所示。润滑油的作用：润滑、散热、液压操作等。绝缘油的作用：绝缘、散热、消弧的作用。

图 3-1-17　油系统

（2）水系统。

水系统包括供水系统、排水系统及消防水系统，如图 3-1-17 所示。技术供水和生活供水通常采用自流排水方式。厂房渗漏排水常采用水泵排水方式。

图 3-1-17　水系统

(3) 气系统。

气系统是储存压能的良好介质，利用空气具有极好的弹性，可压缩，如图3-1-18所示。因此用它来储存能量，作为操作能源是十分合适的。同时利用压缩空气使用方便，易于储存和运输。气系统分低压气系统和高压气系统。作用：压力油罐用气、机组自动用气、风动工具用气、调相用气、密封围带用气等。

图3-1-18　气系统

4. 电能传输设备

电力系统中，一些一次设备不能产生电能，但这些设备具有传输、控制功能，在系统中起到桥梁作用。一些设备对电力系统的节能降耗起到重要作用。电力的传输设备有：电力电缆、封闭母线、架空母线等。实现电力在系统中的传输、分配等。开关设备包含断路器和隔离开关，在系统中起到传输、分配电能，也作为系统的控制设备。

（1）断路器（图3-1-19）。

断路器具有接通和断开负荷电流的能力，同时能截断故障电流。其工作可靠，连续工作能力强。

分类：油断路器、SF6断路器、真空断路器等。

图3-1-19　断路器

(2) 隔离开关（图3-1-20）。

隔离开关能断开电压，接通和断开小电流设备。因触头不具备灭弧能力，因此隔离开关不能断开负荷电流，严禁断开短路电流。

图3-1-20　隔离开关

(3) 变压器（图3-1-21）。

变压器不能产生电能，但能传输电能，改变电压高低，实现高压远距离传输，降低线损，满足用户的需要。

图3-1-21　变压器

▶引导问题3：谈谈你对计算机监控系统的基本认识。

（1）请简述计算机监控系统的组成。

_____

_____

_____

_____

(2) 请简述计算机监控系统的特点。

_____

_____

_____

(3) 请简述计算机监控系统的功能。

_____

_____

_____

_____

相关阅读3

对于水轮发电机组，计算机监控系统的基础自动化元件部分与常规监控系统的元件是一样的，包括行程开头、位置触点、压力和液位信号器触点、电磁阀等。这些基础自动化元件一定要可靠、灵敏，否则整个监控系统有拒动或误动的可能。水电站机组及附属设备的监控系统是由基础自动化元件和计算机共同组成的，基础自动化元件犹如人的眼睛、鼻子、手脚，计算机犹如人的头脑，当其中任何一方不能正常工作出现异常时，整个计算机监控系统就无法协调工作，所以在运行中要对这些硬件设备进行检查。

水电站计算机监控系统通常采用分层分布式结构，由上位机和现地控制单元两个层级组成，现地控制单元直接面向控制对象（如发电机组、变压器等），如图3-1-22所示。上位机虽然没有直接面对控制对象，但对整个水电站内所有现地控制单元进行控制、管理，是水电站计算机监控系统的核心，上位机硬件功能和软件功能的好坏直接影响监控系统的性能。上位机一般由工业控制计算机、显示器、键盘和打印机等组成，运行人员必须熟悉上位机的功能和操作方法。

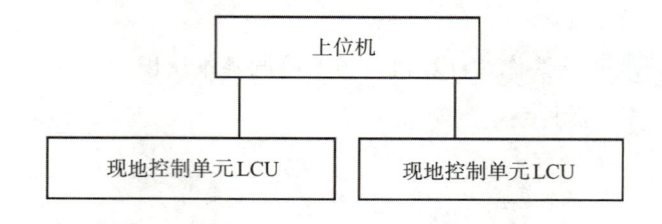

图3-1-22 不带前置机的水电站计算机监控系统

整个水电站设备的控制、测量、监视和保护均由计算机监控系统来完成，它代替了常规控制设备的监视测量表计、记录设备和常规继电保护设备，完成机组的开机和停机控制，断路器开关设备的控制，完成电站的优化运行、自动发电控制，自动调相控制，以及电站机组、变压器、线路等各种运行设备的参数的在线监视，越限参数报警、记录、事故语言、历史参数查询、事故记录、报表打印、人机对话，完成被监控系统设备的自检，实现对整个电站所有设备进行控制、测量、监视和保护的自动控制系统，性能大大优于常规的传统式的由带触点的电磁继电器组成的控制系统。

在整个控制系统中，按结构和功能划分，主要采用三种微机和两个层级。工控机IPC，它是工业级的微型计算机，因数据储存，管理能力强，人机界面好，值班人员易掌握，在水电站的监控系统中，主要作为上位计算机、前置计算机。水轮机的自动控制中则采用可编程控制器PLC，可编程控制器PLC的特点是擅长顺序控制，可编程控制器PLC硬件由中央处理单元CPU、存储器、输入接口电路、输出接口电路、电源、总线等组成，可编程控制器PLC大多数采用模块式结构、PLC有电源模块、CPU模块、开关量输入模块、开关量输出模块、A/D模块、D/A模块、计数模块、通信模块等。模块式PLC，便于灵活组成各系统，便于维护、更换、扩展，适于水轮机发电机组本体的开机和停机等控制；对于油泵等辅助设备，可采用整体式PLC，结构紧凑，集中在一个箱子里。单片机也是水电站监控系统用得较多的，加上一些外围电路与它一起工作，达到控制的目的，在水电站里的计算机监控系统中，温度巡检仪是由单片机构成的。

机组现地控制单元一般由可编程序控制器PLC、智能交流参数测量仪、数字温度巡检仪等电量和非电量变送器、微机保护装置构成（图3-1-23），具有机组的开停机顺序控制、机组状态、数据采集、参数显示、保护动作等功能，取代常规的自动控制保护设备。

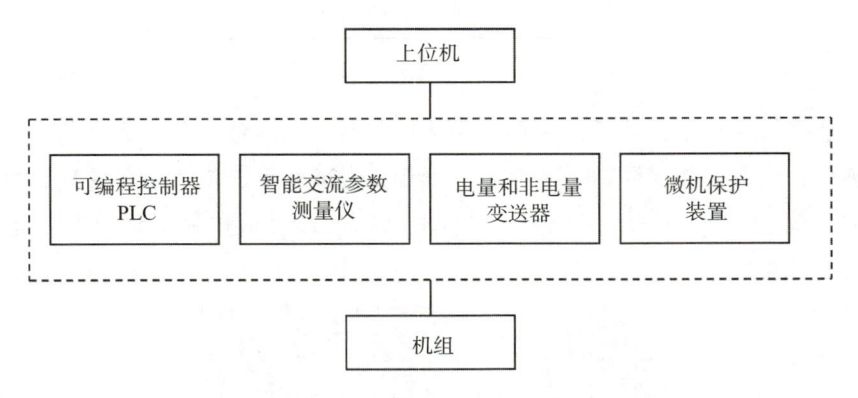

图3-1-23　机组现地控制单元

升压站、线路当地控制单元一般由可编程序控制器PLC、智能交流参数测量仪、微机保护装置、数字温度巡检仪等电量和非电量变送器构成（图3-1-24），具有升压站、

线路断路器控制、升压站、线路断路器状态、线路数据采集、参数显示、保护动作等功能，取代常规的自动控制保护设备。

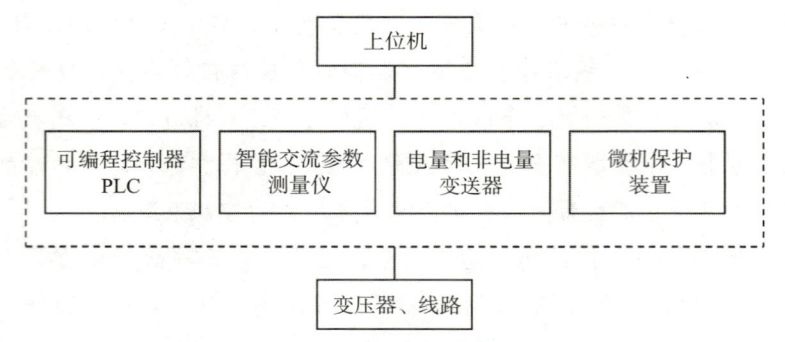

图 3-1-24　升压站及线路现地控制单元

油、气、水公用辅助设备及中央音响信号现地控制单元结构，如图 3-1-25 所示。公用辅助设备、中央音响信号现地控制单元一般由可编程序控制器 PLC、电量和非电量变送器等构成，完成水电站公用辅助设备油、气、水系统的控制，公用辅助设备状态、数据采集，中央音响信号控制等，取代常规的自动控制设备。

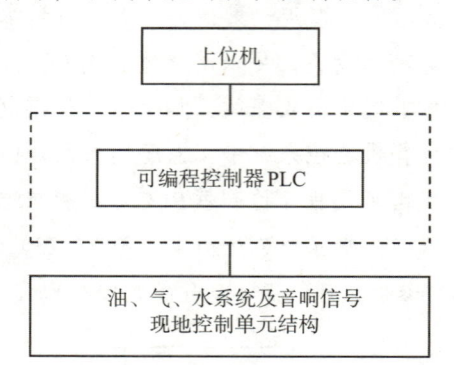

图 3-1-25　油、气、水及音响信号现地控制单元

整个计算机监控系统一般分为两个层次：上面一层即站控层，为上位机。上位机是电站值班运行人员直接操作的重要对象，如图 3-1-26 所示。值班人员在这里对全站的运行进行监视管理。下面一层称为现地控制单元 LCU，现地控制单元 LCU 一般由可编控制器 PLC 和工控机来担当。

图 3-1-26　站控层

上位机一般完成水电站实时状态的采集与处理、实时运行参数的采取与处理、监控、远程控制，对被控对象运行参数进行调节，完成优化运行、报警及事故记录，顺序事件记录、控制记录、电站历史数据、状态的查询、报表处理与打印、事故追忆、计算统计、实时显示电站设备运行状态和参数等功能，并且接收现地控制单元传来的数据，向现地控制单元（如1号机、1号主变压器等单元）发出控制调度指令。上位机是值班运行人员直接操作的重要对象，相关人员应熟练掌握其桌面菜单、按钮操作。

现地控制单元LCU，一般是完成被控对象，如机组、升压站、变压器、线路、公用辅助设备等的控制、数据采取、保护、调节工作，把采取的数据、状态送到上位机并接受上位机的指令。

在水电站里，发电机、变压器等各元件的微机继电保护装置按单元布置在屏柜内；水轮发电机组的控制用可编程控制器PLC及外围设备也装在屏柜内；上位机、显示器、键盘和打印机等，设置在电站中控室的值班桌上，运行人员使用时十分方便。

▶ **引导问题4：** 谈谈你对变压器的基本认识。

（1）请简述6 ℃原则。

_____
_____
_____

（2）请简述变压器中温度继电器的作用。

_____
_____
_____

（3）请简述允许温升。不同冷却装置的变压器允许温升值是如何规定的。

_____
_____
_____

相关阅读 4

（一）变压器的允许温度

变压器温度越高，其绝缘老化越快，越容易变脆和碎裂，绕组的绝缘层的保护也会失去。经认证，当变压器绝缘材料的工作超过其允许的长期工作最高温度时，每升高 6 ℃，其使用寿命将减少一半。这就是变压器运行的 6 ℃原则（干式变压器为 10 ℃原则）。

油浸式变压器的最高温度依次到最低温度的秩序是：绕组→铁芯→上层油温→下层油温。变压器绕组热点温度的额定值（长期工作的允许最高温度）为正常寿命温度，绕组热点温度的最高允许值（非长期）为安全温度。油浸式变压器一般通过监测上层油温来监视变压器绕组的温度。

变压器绝缘材料的耐热温度与绝缘材料等级有关，A 级绝缘材料的耐热温度为 105 ℃；B 级绝缘材料的耐热温度为 130 ℃。一般油浸式变压器用的是 A 级绝缘材料。为使变压器绕组的最高运行温度不超过绝缘材料的耐热温度，规程规定，当最高环境温度为 40 ℃时，A 级绝缘的变压器上层油温允许值见表 3-1-1 所列。

表 3-1-1　油浸式变压器上层油温允许值

冷却方式	环境温度(℃)	长期运行上层油温度(℃)	最高上层油温度(℃)
自然循环冷却、风冷	40	85	95
强迫油循环风冷	40	75	85
强迫油循环水冷	40	75	85

由于 A 级绝缘变压器绕组的最高允许温度为 105 ℃，绕组的平均温度约比油温高 10 ℃，故油浸自冷或风冷变压器上层油温最高允许温度为 95 ℃，考虑油温对油的劣化影响（油温每增加 10 ℃，油的氧化速度增加 1 倍），故上层油温的允许值一般不超过 85 ℃。对于强迫油循环风冷或水冷变压器，由于油的冷却效果好，使上层油温和绕组的最热点温度降低，但绕组平均温度与上层油温的温差较大（一般绕组的平均温度比上层油温高 20~30 ℃），故变压器运行上层油温一般为 75 ℃，最高上层油温不超过 85 ℃。

为了监视和保证变压器不超温运行，变压器装有温度继电器和就地温度计。温度计用于就地监视变压器的上层油温。温度继电器的作用是：当变压器上层油温超过允许值时，发出报警信号；根据上层油温的范围，自动地起、停辅助冷却器；当变压器冷却器全停，上层油温超过允许值时，将变压器从系统中切除。

（二）变压器的允许温升

如果说允许温升势反映变压器绝缘材料耐受温度破坏能力的话，那么允许温升势反映变压器绝缘材料承受对应热的允许空间。绝缘材料确定后，其承受热的空间温度就不允许超过对应要求值。

变压器上层油温与周围环境温度的差值称为温升。温升的极限值（允许值），称为允许温升，故A级绝缘的油浸变压器，周围环境温度为+40 ℃时，上层油的允许温升值规定如下。

（1）油浸自冷或风冷变压器，在额定负荷下，上层油温升不超过55 ℃。

（2）强迫油循环风冷变压器，在额定负荷下，上层油温升不超过45 ℃。强迫油循环水冷却变压器，冷却介质最高温度为30 ℃时，在额定负荷下运行，上层油温升不超过40 ℃。

运行中的变压器，不仅要监视上层油温，而且还要监视上层油的温升。这是因为变压器内部介质的传热能力与周围环境温度的变化不是成正比关系，当周围环境温度下降很多时，变压器外壳的散热能力将大大增加，而变压器内部的散热能力却提高很少。所以当变压器在环境温度很低的情况下带大负荷或超负荷运行时，因外壳散热能力提高，尽管上层油温未超过允许值，但上层油温升可能已超过允许值，这样运行也是不允许的。例如，一台油浸自冷变压器，周围空气温度为20 ℃，上层油温为75 ℃，则上层油的温升为75 ℃－20 ℃=55 ℃，未超过允许值55 ℃，且上层油温也未超过允许值85 ℃，这台变压器运行是正常的。如果这台变压器周围空气温度为0 ℃，上层油温为60 ℃（未超过允许值85 ℃），但上层油温为60 ℃ －0 ℃=60 ℃＞55 ℃，故应迅速采取措施，使温升降低到允许值以下。需特别指出的是变压器在任何环境下运行，其温度和温升均不得超过允许值。

（三）变压器的允许过负荷

在正常冷却条件下，变压器负荷的变化，也即电流的变化，是导致变压器温度波动的原因。过负荷电流或短路电流时导致变压器温度突变而影响寿命的根本。变压器的负荷变化，根据对变压器的影响及与时间的关系，把变压器的负荷划分为三种，即正常周期性负荷、长期急救周期性负荷和短期急救性负荷三类。其特点分别如下。

1. 正常周期性负荷（正常过负荷）的特点

正常过负荷是指在系统正常情况下，以不损害变压器绕组绝缘和使用寿命为前提的过负荷。

变压器允许正常过负荷运行的依据是：变压器负荷大小周期性变化时，其绝缘寿命可以互补。

变压器在额定条件下或周期性负荷中运行，某段时间环境温度较高或超过额定电流，可以由其他时间环境温度较低或低于额定电流，在热老化方面能够等效补偿。变压器可以长期在这种负荷方式下正常运行。

变压器正常过负荷的允许值和对应的过负荷允许时间，应根据变压器负荷曲线、冷却介质温度及过负荷前变压器所带负荷来确定。

2. 长期急救周期性负荷的特点

要求变压器长时间在环境温度较高，或超过额定电流下运行。这种负荷方式可能持续几个星期或几个月。变压器在这种负荷方式下运行将导致变压器的老化加速，虽不直接危及绝缘的初始值但将在不同程度上缩短变压器的寿命，应尽量减少出现这种负荷方式；必须采用时，应尽量缩短超额定电流运行的时间，超额定电流的倍数，有条件时（按制造厂规定）投入备用冷却器。当变压器有较严重缺陷或绝缘有弱点时，不宜超额定电流运行。超额定电流负荷系数 K_2 和时间可按 GB/T 15164《油浸式电力变压器负载导则》的规定确定。在长期急救周期性负荷运行期间，应有负荷电流记录，并计算该运行期间的平均相对老化率。

3. 短期急救性负荷（事故过负荷）的特点

要求变压器短时间大幅度超额定电流运行，就是以前所说的事故过负荷。事故过负荷时，变压器负荷和绝缘温度均超过允许值，绝缘老化速度比正常加快，使用寿命会减少。但由于事故过负荷概率少，平常又多在欠负荷下运行，故短时间内事故过负荷运行对绕组绝缘寿命无显著影响。

这种负荷方式可能导致绕组热点温度达到危险程度，出现这种情况，应投入包括备用在内的全部冷却器（制造厂另有规定的除外），并尽量缩短负荷、减少时间，一般不超过 0.5 h。0.5 h 短期急救负荷允许的负荷系数 K_2 见表 3-1-2 所列。表中，K_2=过负荷值/额定容量。当变压器有严重缺陷或绝缘有弱点时，不宜超额定电流运行。在短期急救负荷运行期间，应有详细的负荷电流记录，并计算该运行期间的相对老化率。

表 3-1-2　0.5h 短期急救性负载的负载系数 K_2 表

变压器类型	短期急救性负载出现前的负载系数	环境温度（℃）							
		40	30	20	10	0	−10	−20	−25
配电变压器（冷却方式 ONAN）	0.7	1.95	2.00	2.00	2.00	2.00	2.00	2.00	2.00
	0.8	1.90	2.00	2.00	2.00	2.00	2.00	2.00	2.00
	0.9	1.84	1.95	2.00	2.00	2.00	2.00	2.00	2.00
	1.0	1.75	1.86	2.00	2.00	2.00	2.00	2.00	2.00
	1.1	1.65	1.80	1.90	2.00	2.00	2.00	2.00	2.00
	1.2	1.55	1.68	1.84	1.95	2.00	2.00	2.00	2.00

续表

变压器类型	短期急救性负载出现前的负载系数	环境温度（℃）							
		40	30	20	10	0	−10	−20	−25
中型变压器（冷却方式ONAN或ONAF）	0.7	1.80	1.80	1.80	1.80	1.80	1.80	1.80	1.80
	0.8	1.76	1.80	1.80	1.80	1.80	1.80	1.80	1.80
	0.9	1.72	1.80	1.80	1.80	1.80	1.80	1.80	1.80
	1.0	1.64	1.75	1.80	1.80	1.80	1.80	1.80	1.80
	1.1	1.54	1.66	1.78	1.80	1.80	1.80	1.80	1.80
	1.2	1.42	1.56	1.70	1.80	1.80	1.80	1.80	1.80
中型变压器（冷却方式OFAF或OFWF）	0.7	1.50	1.62	1.70	1.78	1.80	1.80	1.80	1.80
	0.8	1.50	1.58	1.68	1.72	1.80	1.80	1.80	1.80
	0.9	1.48	1.55	1.62	1.70	1.80	1.80	1.80	1.80
	1.0	1.42	1.50	1.60	1.68	1.80	1.80	1.80	1.80
	1.1	1.38	1.48	1.58	1.66	1.72	1.80	1.80	1.80
	1.2	1.34	1.44	1.50	1.62	1.70	1.76	1.80	1.80
中型变压器（冷却方式ODAF或ODWF）	0.7	1.45	1.50	1.58	1.62	1.68	1.72	1.80	1.80
	0.8	1.42	1.48	1.55	1.60	1.66	1.70	1.78	1.80
	0.9	1.38	1.45	1.50	1.58	1.64	1.68	1.70	1.70
	1.0	1.34	1.42	1.48	1.54	1.60	1.65	1.70	1.70
	1.1	1.30	1.38	1.42	1.50	1.58	1.62	1.65	1.70
	1.2	1.26	1.32	1.38	1.54	1.54	1.58	1.60	1.70
大型变压器（冷却方式OFAF或OFWF）	0.7	1.50	1.50	1.50	1.50	1.50	1.50	1.50	1.50
	0.8	1.50	1.50	1.50	1.50	1.50	1.50	1.50	1.50
	0.9	1.48	1.50	1.50	1.50	1.50	1.50	1.50	1.50
	1.0	1.42	1.50	1.50	1.50	1.50	1.50	1.50	1.50
	1.1	1.38	1.48	1.50	1.50	1.50	1.50	1.50	1.50
	1.2	1.34	1.44	1.50	1.50	1.50	1.50	1.50	1.50
大型变压器（冷却方式ODAF或ODWF）	0.7	1.45	1.50	1.50	1.50	1.50	1.50	1.50	1.50
	0.8	1.42	1.48	1.50	1.50	1.50	1.50	1.50	1.50
	0.9	1.38	1.45	1.50	1.50	1.50	1.50	1.50	1.50
	1.0	1.34	1.42	1.48	1.50	1.50	1.50	1.50	1.50
	1.1	1.30	1.38	1.42	1.50	1.50	1.50	1.50	1.50
	1.2	1.26	1.32	1.38	1.45	1.50	1.50	1.50	1.50

（四）变压器运行的允许过电压

在电力系统中运行的变压器，因系统的电压波动及升压变压器绕组的特点，从而决定了变压器绕组不可能处在额定电压值下运行。当变压器电源电压低于额定值，对变压器运行无任何危害；当电源电压高于额定值，则对变压器运行有不良影响。一是使变压器的铁芯损耗增大而过热，二是使变压器允许通过的有功功率降低。

此外，变压器的电源电压升高后，磁通增大，会使铁芯饱和，从而使变压器的电压和磁通波形畸变。电压畸变后，电压波形中的高次谐波分量也将随之加大，由于高次谐波使电压畸变而产生尖峰波对用电设备和系统产生很大的破坏作用，因此规定运行中的变压器，正常电压不得超过额定电压的5%，最高不得超过额定电压的10%。

从过电压的形式来说，变压器的过电压有操作过电压和大气过电压两类。操作过电压的数值一般为额定电压的2~4.5倍，而大气过电压则可达额定电压的8~12倍。而变压器设计时绝缘强度一般按2.5倍额定电压承受力考虑，为了防止过电压损坏变压器，首先安装避雷器来限制过电压的幅值；其次在110 kV及以上变压器上加装静电屏、静电极等，以改善起始电压和最终电压分布均匀，从而对变压器绝缘起到保护作用。

（五）冷却装置的运行方式

1. 冷却方式

冷却方式与变压器容量的大小有关。油浸自冷适用于小型变压器，油浸风冷适用于中型变压器，强迫油循环冷却适用于大型变压器，强迫油循环导向冷却适用于巨型变压器，干式变压器是用风冷机冷却的。

（1）油浸自冷。

油浸自冷即为油在油箱内自然循环，将热量带到油箱壁，由其周围控球对流传导进行冷却。变压器运行时，绕组和铁芯由于损耗产生的热量使油的温度升高，体积膨胀，密度减小，油自然向上流动，上层热油流经散热器冷却后，因密度增大而下降，于是形成了油在油箱和散热器间的自然循环流动，通过油箱壁和散热器散热而得到冷却。

（2）油浸风冷。

在油浸自冷的基础上，在散热器上加装了风扇，风扇将周围空气吹向散热器，加速散热器中油的冷却，使变压器油温迅速降低。小容量或较小容量的变压器一般采用油浸自冷或油浸风冷冷却方式。加装风冷后，可使变压器容量增加30%~35%。

（3）强迫油循环风冷（图3-1-27）。

在油浸风冷的基础上，加装潜油泵，用潜油泵加强油在油箱和散热器之间的循环，可使油得到更好的冷却效果。其冷却过程是：油箱上层热油在潜油泵作用下抽出→经上蝴蝶阀门2→进入上油室4→经散热器5→进入下油室12→经过滤油室10→潜油泵11→冷油经下蝴蝶阀门13→进入油箱1的底部。如此不断循环，使绕组、铁芯得到冷却。

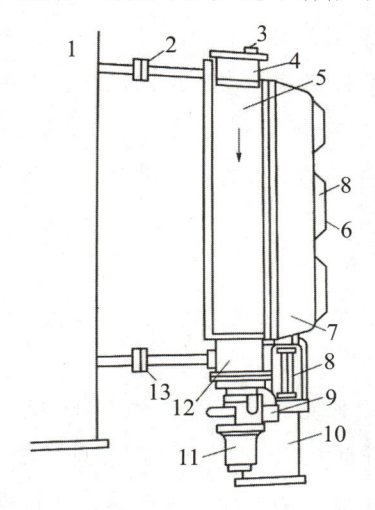

图3-1-27　强迫油循环风冷装置示意图
1—油箱；2—上蝴蝶阀门；3—排气塞；4—上油室；5—散热器；6—风扇；7—导风筒；
8—控制箱；9—继电器；10—滤油室；11—潜油泵；12—下油室；13—下蝴蝶阀门

强迫油循环冷却方式，若把油的循环速度提高3倍，则变压器的容量可增加30%。

（4）强迫油循环水冷（图3-1-28）。

强迫油循环水冷冷却过程为：变压器油箱的上层油由潜油泵抽出，经冷却器冷却后，再进入变压器油箱的底部，如此反复循环，使变压器的铁芯和绕组得到冷却。

在冷却器中，冷水管内通冷水，管外流过热油，冷却水将油的热量带走，使热油得到冷却。大容量变压器一般都采用强迫油循环风冷或水冷冷却方式。

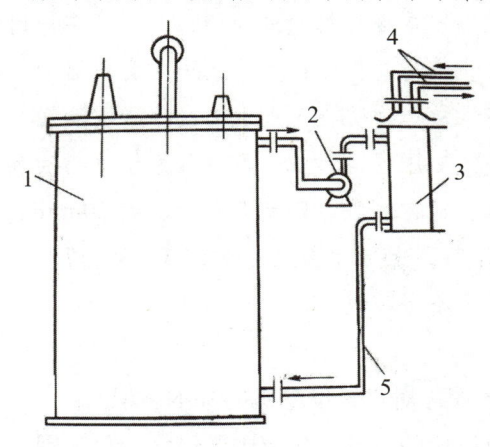

图3-1-28　强迫油循环水冷的工作原理图
1—变压器；2—潜油泵；3—冷油器；4—冷却水管道；5—油管道

(5) 强迫油循环导向冷却。

所谓"导向"是指经过变压器外部冷却器冷却后的冷油由潜油泵送回变压器油箱后，冷油在变压器油箱内是按给定的路径流动的。为此，在变压器器身底部夹件两侧，各装有一根与外部冷却管道相通的钢管，冷油由此流入，再由管子分几路穿过绕组下面的支持平面，往上流经铁芯内的冷却油道及绕组内的油道，使冷油与发热部件充分接触，更有效地带走热量，提高铁芯和绕组的冷却效果。巨型变压器采用强迫油循环导向冷却方式。

(6) 风冷冷却。

风机冷却一般适用于室内干式电力变压器。

2. 冷却器运行方式

(1) 油浸风冷变压器在风扇停止工作是允许的负载和运行时间应遵守制造厂规定。油浸风冷变压器当上层油温不超过65 ℃时，允许不开风扇带额定负载运行。

(2) 强迫油循环变压器运行时，必须投入冷却器，并根据负载情况决定投入冷却器的台数。在空载和轻载时不应投入过多的冷却器。按温度或负载投切的辅助冷却器及备用冷却器各置1组并启用。变压器停运时应先停变压器，冷却装置需继续运行一段时间待油温不再上升后停止运行。

(3) 强迫油循环冷却器必须有两路电源，且可自动切换，同时，当工作电源故障时，自动启动备用电源时并发出音响及灯光信号。为提高风冷自动装置的运行可靠性，要求对风冷电源及冷却器的自动切换功能定期进行试验。

(4) 风扇、水泵及油泵的附属电动机应有过负荷、短路及断相保护，应有监视油泵电机旋转方向的装置。

(5) 水冷却器的油泵应装在冷却器的进油侧，并保证在任何情况下冷却器中的油压大于水压0.05 MPa，以防止产生泄漏时，水不致进入变压器内。冷却器出水侧应放水旋塞，在变压器停运时，将水放掉，防止冬天水结成冰胀破油管。

(6) 强迫油循环风冷式变压器运行中，当冷却系统（指油泵、风扇、电源等）发生故障，冷却器全部停止工作时，允许在额定负荷下运行20 min。20 min 后上层油温尚未达到75 ℃，则允许继续运行到上层油温上升到75 ℃。但切除全部冷却装置后变压器的最长运行时间在任何情况下不得超过1 h。

▶ **引导问题5：** 谈谈你对水轮发电机的基本认识。

(1) 请简述发电机电压值的正常变化范围及最大变化范围。

（2）请简述发电机频率正常变化范围及最大变化范围。

_____
_____
_____
_____

（3）发电机功率因素一般应工作在什么范围内？特殊情况可在什么范围内运行？

_____
_____
_____
_____

相关阅读5

（一）发电机的额定运行方式

发电机的额定运行方式是指发电机按制造厂铭牌额定参数的运行方式。一般情况下，发电机应尽量保持额定或接近额定状态下运行。不同发电机额定运行方式是不同的，主要取决于发电机的技术规范、定子线圈和转子线圈的绝缘等级、发电机冷却方式。

（二）发电机的允许运行方式

当电网负荷变化时，发电机的运行参数可能会偏离额定值，但在允许范围内。这种运行方式称为允许运行方式，又可称为异于标准状态时的运行方式。

1. 发电机的允许温度

温度过高或高温持续时间过长都会使绝缘加速老化，缩短使用寿命，甚至引起发电机事故。一般来说，发电机的温度若超过允许温度6 ℃并长期运行，其使用寿命将缩短一半。所以发电机运行时，必须严格监视各部分温度，使其在允许范围内。

发电机的定子绕组、定子铁心、转子绕组的允许温度取决于发电机定子和转子采用的绝缘材料等级和测温方式。一般发电机的定子采用A级绝缘，温度不超过105 ℃，转子采用B级绝缘，温度不超过130 ℃。因此，发电机运行时的允许温度，应根据制造厂规定的允许值确定。

2. 发电机电压的允许变化范围

并网运行的发电机的电压是由电网的电压决定的。发电机电压变动范围在额定值的±5%内时，允许发电机长期按额定出力运行。发电机电压最大变化范围不得超过额定值的±10%。

（1）电压高于额定值对发电机运行的主要影响。

①励磁电流可能很大，转子绕组温度升高，又受到转子发热的限制；

②磁通饱和使铁损增加，铁芯发热；

③磁通过度饱和，出现过多的漏磁使定子结构部件出现局部高温；

④危及定子绕组绝缘，所以要受到定子绕组发热的限制。

因此，当发电机电压升高到105%以上时，应减少其出力。

（2）电压低于额定值对发电机运行的主要影响。

①可能降低发电机运行的稳定性（并列运行稳定性和电压调节稳定性）；

②使定子电流增大，定子绕组温度升高；

③影响厂用电动机和系统安全。

因此，当发电机电压降低到95%以下时，若此时运行电压尚能满足用户对电压要求，应监视定子电流大小，以转子电流不超过额定值为限。

3. 发电机频率允许的变化范围

发电机的频率应保持在额定值 50 Hz 运行。由于系统负荷的变化，发电机的频率可能偏离额定值，正常变化范围应在±0.2 Hz，但最大偏差不应超过 50±0.5 Hz。

（1）频率降低对发电机的影响。

①可能影响发电机通风冷却效果；

②频率降低，若保持出力不变，定子、转子绕组温度升高；

③为保持端电压不变，使发电机结构部件出现局部高温。

（2）频率升高对发电机的影响。

频率过高，发电机转速增加，转子离心力增大，会使转子部件损坏，影响机组安全运行。

4. 发电机功率因数的允许变化范围

发电机运行时若定子电流滞后定子电压一个角度，同时向系统输出有功和无功，此工况为发电机迟相运行，对应的功率因数为迟相功率因数。当发电机运行时，若定子电流超前定子电压一个角度，发电机从系统吸取无功建立磁场，并向系统输出有功，此工况为发电机进相运行，对应的功率因数为进相功率因数。

发电机工作在发电状态时，由于有功和无功负荷的变化，其功率因数也是变化的。为了保持发电机的稳定运行，发电机的功率因数为迟相0.8～0.9，一般不超过0.95。

若有励磁调节器自动运行，必要时，可在功率因数为1的条件下运行，并允许短时间功率因数在进相0.95～1.0的范围内运行,但此种情况下,发电机静态稳定性差,容易引起振荡与失步,因此应迅速联系调度设法调整。

5. 定子不平衡电流允许范围

发电机正常运行时,其三相电流大小相等,但实际运行中,发电机可能处于不对称状态,即由于三相负载不平衡引起的三相电流不平衡。原因主要有:单相负荷的存在;设备故障,如发生不对称短路、设备一次回路断线等。

不平衡电流对发电机运行的影响如下。

(1)转子表面温度升高或局部损坏。原因:三相负序电流产生负序旋转磁场,在激磁绕组、转子绕组、阻尼绕组等部件感应出电流,这些电流在相应部分引起损耗、发热。

(2)引起发电机振动。原因:三相负序电流产生的负序旋转磁场与转子磁场相互作用,产生交变力矩,作用于转子轴和定子机座,从而产生振动、噪声。

因此,机组运行时,定子三相电流任两相之差不得超过额定电流的20%,同时任何一相的电流不得超过额定电流。通过装设的负序电流表,运行人员可监视三相电流不对称的情况。水轮发电机允许担负的负序电流,不大于额定电流的12%。

注意:阻尼绕组的作用是减少负序阻抗,可以降低转子过热和机组振动的程度。

6. 发电机允许的事故过负荷

一般来说,发电机正常运行时不允许过负荷。但在系统发生事故情况下,为维持系统静态稳定,允许发电机短时间内过负荷运行。发电机过负荷运行时间取决于其所用的绝缘材料,因此,发电机过负荷运行时间及过负荷值应遵守制造厂规定。一般来说,发电机过负荷值越大,允许过负荷运行时间就越短。

在发电机过负荷运行时,应注意监视发电机线圈、轴承,热风温度不得过高。

▶**引导问题6:** 谈谈你对水电厂运行值班工作的基本认识。

(1)请简述值班中如何监盘。

_____
_____
_____
_____

(2)运行值班包括哪些日常工作?它对完成发电生产任务有何意义?

_____
_____
_____
_____

(3) 请简述运行值班制度。

_____
_____
_____
_____

相关阅读6

(一) 水电厂的生产组织

水电站建好交付业主单位后，必须建立健全管理机构，按现代企业制度进行运作，高度集中，责任到岗到人。水电站一般实行三级管理，即厂部为一级、车间为二级、班组为三级。厂部是电厂最高一级管理机构，全厂决策权集中于厂部。厂部设厂长、副厂长和总工程师，并设安全部、生产技术部、财务部、物资部等若干职能部门。厂部下设运行车间、检修车间、水工车间等二级机构。车间下面按专业岗位设若干班组。生产车间属第二级行政管理单位，厂部下达的各种生产计划、考核指标、指示、命令都要通过车间来执行。各车间根据厂部总计划、总要求，要制订落实厂部总计划、总要求的各种具体计划、措施和办法，包括全年发电量、控制事故率、提高设备完好率、全年安全日指标、检修计划、水库调度计划等。

水工车间的主要职责是负责水库管理制度，电厂水工建筑物的管理、维护等。

检修车间主要承担电厂机电设备的检修维护和更新改造任务，提高设备完好率。

运行车间要保证负责电厂的机电设备正常、连续、稳定运转，安全发电，完成厂部下达的发电计划和安全运行等要求。运行车间是电厂生产第一线的生产岗位，必须24 h不间断地维持设备正常运转，是完成全年发电任务、全年安全目标的主要生产工作部门，承担着电厂机电设备连续稳定、安全可靠运转的重要职责。它对上接受厂部的直接指令，同时又要执行电网调度中心的调度指令和操作命令；对下直接对运转设备负责，因此必须有严格的运行管理制度。

运行车间按24 h连续工作制，一般设立4个值，现代大中型电厂一般都实行"无人值班、少人值守"的运行方式，每个值设值长、值班员、副值班员等职位。当班值长是生产现场运行管理的最高负责人和指挥者。值长为了完成厂部和车间下达的任务和安全目标等，应组织落实实现各项任务的具体措施，督促组织本值人员严格执行各项规章制度，遵守劳动纪律，做好各种具体工作，认真执行电业工作安全制度、工作票和操作票制度，遵守运行当班的各项制度规定、运行规程，真正把站厂、车间的各项决策落到实处。奖惩分明，激励当值人员安全发电的积极性。

（二）运行值班工作制度

运行值班工作制度实行值班岗位责任制度。值班岗位设有值长，正、副值班员等岗位，有的电厂设班长、副班长、值班员等岗位，各岗位的职责如下所述。

1. 值长

值长全权负责电厂设备的正常连续安全运转，是现场运行当班的最高责任人，一般不离开中央控制室，是事故处理的指挥者、操作票审定签发者、检修工作票许可手续的管理者（许可人）；领导全值人员遵守劳动纪律，严格执行规章制度等，加强对现场运行设备的巡视维护检查和管理；并选择时间组织反事故演习，组织事故预想测验，对已出现的事故，按"三不放过"的原则，查清原因，分清责任，落实防范措施；对本值人员进行技术培训，以提高运行水平；对值班记录负责。

2. 正、副值班员

正值班员负责监盘、抄表、记录、巡视，操作票填写以及直接操作并对副值班员操作工作进行监护等；采用计算机监控系统的电站，则负责上位机的管理。副值班员协助正值班员工作，负责场地清洁卫生、工具资料管理等。正、副值班员事故时直接接受值长指令。值班岗位责任制度还规定了运行人员的职业道德行为规范，如不酗酒上班、不打瞌睡、不弄虚作假等。

（三）值班运行规程

运行规程是电厂运行人员对机电设备进行运行管理的依据。一个电厂建成后，电厂要按照国家的通用运行规程和电力生产技术法规，并根据本厂实际的设备情况，参照设备制造厂的产品说明书，编写本厂自己的现场运行规程，作为本电厂的运行技术法规。主要内容有本电厂设备技术参数、技术规范、正常和极限运行参数、操作程序步骤和方法、设备事故的判断和事故处理的程序和方法等。凡违反运行规程的事，运行人员绝对不能做，如有异议可以报告有关主管处理，要形成人人熟悉、人人遵守运行规程的风尚，确保安全发电运行的正常进行，不按规程办，大则造成设备事故或人身事故，小则造成不必要的损失，如"运行规程"规定不准用发电机全压向主变压器进行充电试验，只能由电网向主变压器全压进行充电试验，就必须照办，不能由运行人员个人自己想当然。否则，就是违反规程，危害设备健康，要严格处理。所以，运行值班人员要提高对执行运行规程的严肃性的认识，做到人人学习、人人熟悉、人人遵守，以保安全运行、保设备健康，养成一种以遵守规程为荣、以违反规程为耻的风尚。

电站一般有下列运行规程：

(1) 水轮机运行规程；

(2) 调速器运行规程；

(3) 主阀运行规程；

(4) 油泵运行规程；

(5) 水泵运行规程；

(6) 空压机运行规程；

(7) 继电保护和监控系统运行规程；

(8) 直流系统运行规程；

(9) 发电机运行规程；

(10) 主变压器运行规程；

(11) 配电装置运行规程；

(12) 厂用电系统运行规程；

(13) 电动机运行规程；

(14) 大坝闸门运行规程。

（四）运行值班人员的日常工作

运行值班岗位是发电生产部门的一个重要岗位，属第一线工作，电厂每一个设备、每一个系统，包括水力机械系统和电气的一次系统和二次系统，都要由电厂运行人员监护，维持这些设备和系统的连续不间断运转。为了连续安全运转，运行值班人员在现场的工作，虽然不是体力劳动，但是思想全在设备上，有大量有形和无形的工作要运行人员一丝不苟地去完成。为了保证发电厂能安全高效地进行生产，运行值班人员必须全神贯注地上位机的盘面显示值，及时调整设备偏移了的运行参数，及时对设备巡回检查、正确地进行操作，正确处理出现的事故等。只有通过运行值班人员昼夜坚守工作岗位，一丝不苟地勤奋工作，认真仔细监视检查，才能保障电站发电生产正常进行，连续不间断地安全发电。运行值班的日常工作概括起来有如下几种。

1. 监盘

运行人员在值班过程中应集中精力，不准在监盘时与人交谈，不准干与监盘无关的事情；监视控制室内的控制屏上的各种仪表指示、灯光指示、讯号指示等。首先应注意仪表的读数变化，明确其值是否在正常范围内，尤其是表盘画有红线标记的仪表指针有没有超越红线；其次要注意光字牌的变化情况，特别是在警铃、警笛响起时，应密切注意光字牌的指示，并即时做好记录。监盘要全神贯注，监盘一般2 h轮换一次。有计算机监控系统的水电站，还应按规定定时对上位机显示器上的运行监视画面切换检查。

2. 抄表

运行值班人员每小时应按规定的运行日志表格抄表一次，主要有电流、电压、励磁电流、励磁电压、功率、频率等。抄表时，眼睛所处位置要与表的位置在同一水平线上，对于表面有弧度的表，人的眼睛所处位置要与表面的位置相垂直；此外，还要记录发电机、主变压器的温度等。抄表要真实，遵守职业道德，不准弄虚作假。它是现场发电生产最原始、最基本的记录，是重要的记录资料。有计算机监控系统的电站，可由上位机打印出来。

3. 调整

在监盘和抄表过程中，如果发现仪表读数变化超出允许范围，或根据上级调度部门调度命令，要调整设备的运行参数，如发电机出口电压、发电机的频率、发电机输出的有功功率和无功功率，以及直流系统电压和电流等。调整要心中有数，及时细心，准确无误。

4. 巡回检查

定期巡回检查可以及时发现设备缺陷和隐患，是运行值班工作的一项重要内容。运行值班人员当值期间，按预先制定的巡视线路由两人同时进行，注意巡视过程禁止手动设备，只能眼睛看、耳朵听、鼻子闻，做好记录。若发现异常，及时上报处理。对于导线接头、设备接头、穿墙套管接头等处检查时，更要多留意细查看，有无发热、发黑、变色。

在巡回检查时，应遵循以下原则。

（1）遵守《电业安全工作规程》中高压设备巡视的有关规定。在巡视中，特别注意遵守不同电压等级下有不同的安全距离的规定。如110 kV 电压级安全距离为 3 m，人不拿金属棍棒，巡视中不举手。

（2）为了防止巡查设备时漏巡设备、重复巡视设备，每个发电厂应绘制出设备巡回检查路线图，并报上级主管部门批准。运行人员应按规定的巡查路线进行巡查。巡查后，要报告并记录。

（3）巡查时要集中精力，发现缺陷应记录好，即时上报，遇有严重威胁人身和设备安全的情况时，即时报告值长，由值长统一组织指挥处理。

（4）对备用设备的巡查要求同运行中的设备一样。

（5）有下列情况时，必须增加巡检次数：①雷雨、暴风、浓雾、冰雪、高温等天气，雷雨时不要进入升压站内；②出线和设备在高峰负荷或过负荷时；③设备产生一般缺陷又不能立即消除，需要不断监视时；④新投入或检修后的设备。

（6）进行室内配电装置的巡查，除按照上述规定外，还应满足下列要求。

①高压设备发生接地时，不得靠近故障点 4 m 以内，进入上述范围必须穿绝缘靴；接触设备外壳时，应戴绝缘手套；

②进出高压室，必须随手将门关上；

③高压室钥匙至少应有3把，其中1把按值移交。

5. 记录

值班记录由值长负责，按时间顺序记录运行值班中的操作、上级命令、调度命令、故障、事故和检修等情况，并记录有关缺陷处理结果等。要求真实可靠，不准弄虚作假，是电厂运行的最原始记录资料。值班记录，在各水电厂都有现存的表格可在现场查阅。

6. 检测

在由计算机监控的电厂，上位机由值长负责管理，定期对全厂运行状态和采样参数进行检测，或者按设定显示菜单进行运行画面的切换监视检查。

7. 故障处理

电气设备和水面设备故障是事故的前兆，预告故障光字牌亮、预告电铃响或语音报警，值班人员就知道出现了何种故障，如某机组油位低发预告讯号，经现场检查证实后，应通知检修专责人员立即来加油。但也有的故障不发讯号，如接头发热、发黑、发红，运行人员通过巡查发现后，应及时记录，报告并通知有关专责人员处理。

8. 事故处理

水电站在运行中，运行人员努力保持运行无事最高安全日，这是重要的奋斗目标，也是考核运行工作优良的重要标志之一，如安全无事故运行1000天奋斗目标的要求。但是，由于各种原因，有的是设备本身缺陷，有的是人员误操作，有的是运行人员失责，有的是保护误动，有的是小障碍处理不及时或处理不当扩大了事故，也有的是雷雨等自然灾害造成了电力事故等，电力生产事故造成损坏或减少发电量，或大面积用户停电后果。运行值班人员在事故出现后，对事故的处理要遵守事故处理的一般规定和程序。

（1）事故出现时，电网调度员是系统事故处理的组织者和指挥者；电厂值长是电厂事故处理的组织者和指挥者，值员都要服从值长的统一指挥，绝不可盲目行动。

（2）事故发生时，值长不应离开电厂的中央控制室，要坚守工作岗位，担负指挥的重任。

（3）发生事故时，要沉着冷静，在值长的统一指挥下进行处理，值班人员要坚守自己的值班岗位，不得擅自离开。当正在交接班而未办完交接班手续，发生事故时，仍应由当班的值长负责统一指挥处理，接班人员可以协助。事故处理完并恢复正常运行后，才进行正常交接班，同时一起判断事故的范围和事故性质。

（4）电厂发生事故时不必慌乱。首先，电器设备或水力机械发生事故时，喇叭叫、光字牌亮、信号继电器掉牌，有关开关位置事故绿灯亮红灯灭。有计算机监控系统的电站，还有语音提示信号，值班人员从光字牌显示和喇叭及语音提示就知道出了何种事故，并可以判断事故范围和事故性质。

（5）处理事故时，各级值班人员必须严格执行发令、复诵、汇报、录音和记录制度。

（6）发生事故时，各种装置的动作信号和光字牌不准马上复归，以便检查核对分析，必须经值长同意后，由两人在场才可以复归。

（7）处理事故的一般步骤如下：①根据光字牌和语音告警提示，正确分析判断事故的性质和事故范围，并即时做出记录。掉牌信号继电器不准即时复归，要等待事故记录好并处理好后再经值长命令复归。②迅速限制事故的发展，解除对人身和设备安全的威胁；准确判断，防止扩大事故；并考虑该事故后果对整个电站及有关系统运行方式改变的影响。③保证和恢复厂用电正常运转。④保证非事故系统或设备的继续正常运转，使之与事故设备迅速可靠隔离。⑤尽早恢复对停电用户的正常用电。⑥及时准确地向调度部门和上级主管汇报并听取指示。⑦根据光字牌信号或语音提示或计算机屏幕显示，判定事故范围，值班人员到现场，遵守安全规程，对事故设备进行全面检查。⑧如果需要检修专责人员即时来现场处理，值长应先通知有关检修专责人员来现场，并同时向生产主管汇报。⑨事故现场检修处理时，及时做好安全措施。⑩查明事故原因会同有关专责人员做出正确判断。在没有正确判断之前，值长不能随意做出误动的结论而轻率恢复运行。事故原因的结论，对重大事故要总工程师批准。

9. 操作

电气设备的操作是一项十分严谨的工作，它不但涉及电站一次设备的运行方式改变，同时也影响到二次部分。能否正确地进行操作将直接影响着电站的安全（每一步操作都关系到电站设备和人身的安全）。因此，要求运行值班人员必须以高度负责的精神、严谨的工作态度，严格执行操作票制度，以严肃认真的态度对待每一步操作，做到万无一失，确保安全。

操作应根据调度或上级命令，先填写好操作票，经值长审定签字后，由两人进行操作，事故时可以不填写操作票。操作时要现场对设备名称、编号实际位置、拉合方向"四核对"，绝对防止走错间隔。

10. 检修开工

发电厂电气设备和机组设备应根据有关规定定期进行大修、小修，检修设备应执行工作票制度，工作许可制度，工作监护制度，工作中断、转移和终结制度。在全部停电或部分停电的电气设备上工作时，应做好停电、验电、装设接地线、挂标志牌和装设遮栏等安全技术措施。运行人员在现场办理好许可手续后，运行和检修负责人双方签字即可开工。运行人员允许检修开工，应特别注意运转设备与检修设备的隔离。

11. 更换低压一次和二次损坏的熔断器及照明灯泡

更换时要穿绝缘靴、戴绝缘手套，由一人监护、一人操作。为满足生产需要，在运行生产现场必须配备必要的工器具、材料和技术资料，主要有以下五个方面。

（1）发电运行生产现场必须配置有绝缘手套、绝缘棒、绝缘鞋和临时接地线等；

（2）配置有必要的仪器仪表，如绝缘摇表、万用表、绝缘钳、起子等用具；

（3）有熔断器、灯泡、熔丝等易操作件的备品备件；

（4）运行现场必备电站的水力机械部分和电气部分的一次系统图册和二次系统图册等；

（5）备用的操作票、值班日志、运行日志及各种记录簿等。

以上这些工器具、备品、技术资料是运行值班工作中不可少的，必须常年备好。

另外，各个值长还应在技术主管的指导下，按照编好的经审定批准的事故预演习方案，适时组织反事故演习，以提高运行技术和处理事故的能力。还必须经常组织反事故技术知识问答和讲课，以提高运行技术水平和运行管理水平。

五、准备决策

完成以上课程的引导问题。

六、工作实施流程

组织开展小组研讨和交流，完成引导问题，形成小组成果并进行分享。

七、评价反馈

1. 学生自评

学生自评表见表3-1-3所列。

表3-1-3　学生自评表

序号	任务	完成情况记录
1	是否按计划时间完成（15）	
2	相关理论完成情况（15）	
3	任务完成情况（50）	
4	任务创新情况（10）	
5	收获（10）	

2. 学生互评

学生互评表见表3-1-4所列。

表 3-1-4　学生互评表

序号	评价内容	小组互评	签名
1	是否按计划时间完成（15）		
2	完成上交情况（20）		
3	完成质量（25）		
4	语言表达能力（15）		
5	小组合作面貌（15）		
6	创新点（10）		

3. 综合评价要点

（1）所有引导问题回答完整，要素齐全（40%）；

（2）能用自己的语言流利阐述问题的分析（30%）；

（3）能通过分析引发思考（20%）；

（4）回答的内容能结合新技术、新标准、新设备等知识（10%）。

八、拓展思考

在了解本任务介绍的水电站基本知识的基础上，请尝试了解抽水蓄能电站的相关知识。

任务二　水电站巡回检查

一、学习情境

开展设备巡回检查是为了保证设备的安全运行，通过一定的方式，按规定时间、内容及线路对设备进行巡回检查，使生产人员能够随时了解设备的运行状态，及时发现设备缺陷，从而迅速采取措施，将事故消灭在萌芽中，减少经济损失，保证发电设备安全运行。

通过巡回检查，能够准确掌握设备运行状况，熟练掌握设备巡检方法，提高作业人员对运行设备的分析与判断能力。

二、学习目标

1. 知识目标

（1）能够准确说出巡回检查的分类；
（2）能够准确说出巡回检查的方法。

2. 技能目标

（1）能够在工作前做好危险点分析，并提出预控措施；
（2）能够了解巡回检查的主要项目。

3. 思政目标

（1）养成良好的职业习惯，牢固树立安全意识；
（2）培养严谨的做事原则和高度负责的工作态度；
（3）激发学生的学习兴趣，使学生乐于了解更多关于水力发电的知识和技能。

三、任务书

完成实训现场巡回检查。

四、任务咨询

▶ 引导问题1：谈谈你对设备设施巡回检查的基本认识。

（1）请简述巡回检查的分类。

_____

_____

（2）请简述巡回检查的方法。

（3）请简述运行值班制度的内容。

相关阅读1

（一）巡回检查分类

1. 定期巡回检查

定期巡回检查指在机组正常运行或停运后，按规定的时间对所管辖的设备和系统进行的检查。

2. 不定期巡回检查

不定期巡回检查指在机组运行或停运过程中，根据设备或系统存在的问题，在原规定的时间外相应增加的对管辖设备和系统进行的检查。

3. 交接班检查

交接班检查指运行人员在交接班过程中，根据岗位分工对相关的设备和系统进行检查。

4. 特殊情况检查

特殊情况检查指在设备启动和停止时、系统投运和停运时、特别需要时，以及遇有特殊天气（如大风、雷雨、闪电、高温、寒流）时，对所辖设备、系统及预防措施进行的细致检查。

（二）巡回检查的方法

1. 目视巡检法

（1）通过用眼睛观察设备的外观及运行情况，以及设备的颜色有无变化（如设备因

温度升高变红、发黑、涂层脱落等）判断设备运行是否正常；

（2）通过用眼睛观察设备转动部分运行的情况（如转动部分摆度有无明显增加，振动有无明显升高等），判断设备运行是否稳定、可靠；

（3）通过用眼睛观察设备各种表计的读数有无明显变化（如温度、水压、电流、电压等），判断设备各参数是否在规定范围内，是否能正常、稳定运行；

（4）通过用眼睛观察电气设备有无闪烙、放电火光，判断电气设备运行是否正常；

（5）通过用眼睛观察储油设备和冷却装置有无液体渗漏，有无零部件位置异常和形状变化等判断机械设备运行是否正常；

（6）用红外线测量仪测量设备温度，判断设备的运行温度是否在正常范围内（如电动机温度不得超过 80 ℃）。

2. 触摸巡检法

（1）通过用手触摸设备，感受设备的温度及振动，判断设备的温度和振动是否合格；

（2）借用工器具（如改刀、震动仪等）感受设备的振动、声音，判断设备的运行状况；

（3）通过用手触摸设备，感受流体的脉动，判断流体运行是否正常，流动是否畅通（如冷却水管路水流是否流畅等）。

3. 闻声巡检法

（1）用耳朵听设备运行声音，判断设备运行的声音是否超过或低于正常分贝，设备运转速度是否正常；

（2）用耳朵听设备运行中是否有杂音，是否有金属碰撞声，若有杂音，应能判别杂音的来源，找出故障的原因并消除；

（3）用耳朵听设备有无放电声，判断绝缘体表面有无放电现象。

4. 嗅味巡检法

（1）有无异味（如绝缘焦臭味、木屑烧焦味、油烟味、热油蒸汽气味、臭氧异味等），判断设备运状况；

（2）若有异味，找出异味的来源，分析异味产生的原因，并制定出相应的处理方法。

5. 对比巡检法

（1）通过设备相邻时间的状态参数或机组相同部位的状态参数进行对比，设备检修前与检修后状态参数对比，结合现场环境、温度判断设备运行状况；

（2）若有差异，找出差异的来源，分析差异产生的原因，并制定出相应的处理方法。

五、准备决策

实训任务1：调速器的巡回检查

1. 作业任务

进行某指定调速器巡回检查。

2. 作业条件

作业人员精神状态良好，正确使用安全工器具，清楚调速器巡回检查内容，完成巡回检查工作，不发生人身伤害和设备损坏事故。

3. 作业准备

（1）着装要求：作业人员穿工作服、工作鞋，佩戴安全帽，进行现场安全交底；

（2）工器具准备：巡回检查记录本、红外测温仪、巡视电筒（胶壳电筒）；

（3）工器具检查：检查工器具是否齐全，是否符合使用要求。

4. 安全注意事项

（1）触电；

（2）巡检漏项；

（3）摔伤、碰伤；

（4）误操作；

（5）未经允许擅自巡检。

实训任务2：水轮机的巡回检查

1. 作业任务

进行某一水轮机的巡回检查。

2. 作业条件

作业人员精神状态良好，正确使用安全工器具，清楚水轮机巡回检查内容，完成巡回检查工作，不发生人身伤害和设备损坏事故。

3. 作业准备

（1）着装要求：作业人员穿工作服、工作鞋，佩戴安全帽，进行现场安全交底；

（2）工器具准备：巡回检查记录本、红外测温仪、巡视电筒（胶壳电筒）；

（3）工器具检查：检查工器具是否齐全，是否符合使用要求。

4. 安全注意事项

（1）巡检漏项；

（2）摔伤、碰伤；

（3）未经允许擅自巡检。

实训任务3：发电机的巡回检查

1. 作业任务

进行某一发电机的巡回检查。

2. 作业条件

作业人员精神状态良好，正确使用安全工器具，清楚发电电动机巡回检查内容，完成巡回检查工作，不发生人身伤害和设备损坏事故。

3. 作业准备

（1）着装要求：作业人员穿工作服、工作鞋，佩戴安全帽，进行现场安全交底；

（2）工器具准备：巡回检查记录本、红外测温仪、巡视电筒（胶壳电筒）；

（3）工器具检查：检查工器具是否齐全，是否符合使用要求。

4. 安全注意事项

（1）触电；

（2）误操作；

（3）与带电设备保持安全距离；

（4）未经允许擅自巡检；

（5）衣服、头发被机器缠绕。

实训任务4：开关室的巡回检查

1. 作业任务

进行开关室的巡回检查。

2. 作业条件

作业人员精神状态良好，正确使用安全工器具，开关室巡回检查内容，完成巡回检查工作，不发生人身伤害和设备损坏事故。

3. 作业准备

（1）着装要求：作业人员穿工作服、工作鞋，佩戴安全帽，进行现场安全交底；

（2）工器具准备：巡回检查记录本、巡视电筒（胶壳电筒）；

（3）工器具检查：检查工器具是否齐全，是否符合使用要求。

4. 安全注意事项

（1）触电；

（2）与带电设备保持安全距离。

六、工作实施流程

以上实训任务的工作实施流程分别见表3-2-1至表3-2-4所列。

表3-2-1 实训任务1：调速器的巡回检查工艺、工序卡

施工步骤	作业内容	标准或要求	作业危险点	控制（监护）措施	作业方法
1	巡检人员正确着装	戴好安全帽、扣好袖口、盘好头发	衣服、头发被设备缠绕	检查巡检人员着装符合规程要求	目视
2	调速器整体外观	（1）设备清洁完好；（2）检查各阀门、管路无渗漏，阀门*106、*107、*308在全关位置	摔伤、碰伤	站在警示标示线外	目视

续表

施工步骤	作业内容	标准或要求	作业危险点	控制(监护)措施	作业方法
3	电调柜	(1)导叶开度指示表计完好无损,指针无异常波动,显示指示值正确,与机组LCU柜导叶开度仪上开度指示一致; (2)机组转速指示表计完好无损,指针无异常波动,显示指示值正确,与机组LCU柜电脑测速仪上指示一致; (3)触摸屏完好无损,且显示设备状态、各运行参数与实际情况一致; (4)手、自动切换开关应在自动位置; (5)导叶增、减开关应在"0"位置; (6)按钮无损坏、松动等现象;正常运行时,"自动运行""停机复归"按钮指示灯亮,"紧急停机""手动运行""备用"按钮指示灯熄灭; (7)柜内应清洁、完好,各模块、连线、继电器应无过热、松动等现象,端子排接线无烧焦、无发黑变色、无异味、无松脱等异常现象; (8)"交流电源开关""直流电源开关""步进电机电源开关"应在合位	触电 误操作 摔伤、碰伤	查看时应小心谨慎 站在警示标示线外 用巡检电筒仔细观察	目视 耳听 红外测温仪
4	机械柜	(1)调速器步进电机和位移转换器动作灵活、平稳,无振动或抽动现象; (2)操作油压力表指示正常; (3)紧急停机电磁阀状态正常,无过热现象; (4)"主配压阀""引导阀"无发卡、漏油现象; (5)"紧急停机电磁阀"未动作,指示灯熄灭; (6)各杠杆、传动机构正常,管路无渗漏油现象; (7)柜外"液、手动"切换把手应在"液动"位置	触电 误操作 摔伤、碰伤	查看时应小心谨慎 站在警示标示线外 用巡检电筒仔细观察	目视 耳听 红外测温仪
5	压力油罐	(1)油罐压力表计完好无损,指针无异常波动,指示值在1.80~2.30 MPa; (2)油色清亮透明,无混浊变色现象; (3)油位在油标上下限之间; (4)补气阀(*306)、排气阀、排油阀应在全关位置; (5)各管路、管接头、压力变送器等无渗漏油和漏气现象	摔伤、碰伤	站在警示标示线外 用巡检电筒仔细观察	目视

续表

施工步骤	作业内容	标准或要求	作业危险点	控制(监护)措施	作业方法
6	集油槽（回油箱）	(1)油色清亮透明,无混浊变色现象； (2)油位在油标上下限之间	摔伤、碰伤	站在警示标示线外	目视 红外测温仪
7	压力变送器	(1)变送器完好无损,显示值在1.80~2.30 MPa,与电接点压力表显示值基本一致； (2)能自动控制螺杆油泵的启动(1.80 MPa启动)或停止(2.30 MPa停止)	摔伤、碰伤	站在警示标示线外	目视
8	电接点压力表	(1)后备压力表完好无损,指示值在1.80~2.30MPa,与压力变送器显示值基本一致； (2)事故压力表完好无异(设定值:事故低油压1.55 MPa,油压过高2.40 MPa)	误读数 误动作 电接点结碳	查看时应小心谨慎 站在警示标示线外 注意读数	目视
9	油泵电机	(1)电动机引线及接地完好； (2)运转正常,无异常振动,无过热现象	衣服、头发被设备缠绕	查看时应小心谨慎 站在警示标示线外	目视 耳听 鼻闻 红外测温仪
10	油泵控制箱	(1)控制面板电源指示灯亮； (2)压油泵控制把手应在"自动"位置； (3)柜内开关应在ON位置； (4)各元件无过热、异味、断线等异常现象	误操作 触电	查看时应小心谨慎 站在警示标示线外 用巡检电筒仔细观察	目视 鼻闻 红外测温仪
11	巡检完毕	检查巡回检查记录无漏项	巡检漏项	检查记录无漏项	检查确认

表 3-2-2　实训任务2：水轮机巡视检查工艺、工序卡

施工步骤	作业内容	标准或要求	作业危险点	控制(监护)措施	作业方法
1	正确着装、戴好安全帽	扣好袖口,盘好头发	衣服、头发被机器缠绕	检查巡检人员着装符合规程要求	目视
2	机组总冷却水	(1)冷却水系统在机组运行时(阀门*201全开、电动阀全开、*202全关)机组停运时(阀门*201全开、电动阀全关、*202全关)； (2)冷却进排水水流畅通,各管路接头、阀门无渗漏水和冷凝水； (3)压力变送器外观完好,无渗漏水现象； (4)表阀全开,机组运行时压力在(0.25~0.3 MPa)	摔伤	站在警示标示线外	目视

续表

施工步骤	作业内容	标准或要求	作业危险点	控制(监护)措施	作业方法
3	水轮机仪表屏	(1)钢管压力变送器外观完好,无渗漏水现象; (2)表阀全开,钢管压力在(0.28~0.3 MPa); (3)蜗壳压力变送器外观完好,无渗漏水现象; (4)表阀全开,蜗壳压力在(0.28~0.3 MPa); (5)转轮上腔压力变送器外观完好,无渗漏水现象; (6)转轮上腔压力<主轴密封压力; (7)水导瓦温度表外观完好无异常,工作引线完好无断裂损坏; (8)瓦温指示<50 ℃	摔伤	站在警示标示线外	目视
4	水轮机外观及运行特征	(1)水轮机机壳清洁完好,油漆无严重脱落,紧固螺栓无松动; (2)水导油槽无漏油和甩油现象; (3)水轮机运转声音正常,无异常的振动和摆度; (4)地面清洁	摔伤、碰伤	站在警示标示线外	耳听目视
5	水导冷却水及主轴密封润滑水	(1)水导冷却进水阀*205全开(*203全关),排水阀*204全开(*206全关)或水导冷却进水阀*203全开(*205全关),排水阀*206全开(*204全关); (2)水导冷却水压力变送器外观完好,表阀全开; (3)水导进水压在(压力0.2~0.25 MPa); (4)水导冷却进排水水流畅通,管接头和阀门无漏水; (5)主轴密封润滑水*207阀适量开启; (6)主轴密封润滑水压力变送器外观完好,表阀全开; (7)主轴密封润滑水压力(0.05~0.2 MPa)>转轮上腔压力; (8)主轴密封润滑水水流畅通,管接头和阀门无漏水	摔伤	站在警示标示线外	目视
6	水轮机部分	(1)水导油槽翻油正常,水导冷却水管无漏水和过多凝结水现象; (2)测温头接线完好; (3)水导油槽油色清亮透明,无混浊乳化、变色现象; (4)水导油槽油位信号器无漏油、渗油现象; (5)油位在上下限范围内;	摔伤、碰伤	站在警示标示线外	目视

续表

施工步骤	作业内容	标准或要求	作业危险点	控制（监护）措施	作业方法
6	水轮机部分	(6)油位信号器工作引线完好无断裂损坏； (7)顶盖排水孔无堵塞，自流排水畅通，顶盖水位无异常升高； (8)双连臂、导叶臂、半圆销、剪断销等无拔起； (9)剪断销信号器无脱落、无断裂，接线连接完好； (10)导筒无漏水，剪断销信号器接线完好； (11)顶盖上无妨碍运转物； (12)主轴密封无异常漏水现象； (13)控制环转动顺畅无抬起现象； (14)压力钢管进入孔无漏水； (15)蜗壳进入孔无漏水； (16)尾水进入孔无漏水； (17)尾水管无剧烈振动； (18)真空破坏阀动作正常，无漏水	摔伤、碰伤	站在警示标示线外	目视
7	导叶开度仪	(1)导叶开度仪外观完好，接线紧固； (2)螺丝无松动现象	摔伤	站在警示标示线外	目视
8	巡检完毕	检查巡视检查记录无漏项	巡检漏项	检查记录无漏项	检查确认

表3-2-3　实训任务3：发电机组的巡视检查工艺、工序卡

施工步骤	作业内容	标准或要求	作业危险点	控制（监护）措施	作业方法
1	巡检人员正确着装	戴好安全帽、扣好袖口、盘好头发	衣服、头发被转动机器缠绕	检查巡检人员着装符合规程要求	目视
2	发电机外观及运行特征	(1)发电机铭牌及双重编号清晰完好； (2)发电机机壳清洁完好，油漆无严重脱落，紧固螺栓无松动； (3)发电机盖板平整完好，封闭严密，进风口无堵塞； (4)发电机运转声音平稳、均匀，无异常增大、无尖锐刺耳声响、无异味、无异常振动； (5)发电机保护屏上无保护告警，信号指示正确	衣服、头发被转动机器缠绕	站在警示标示线外	目视耳听鼻闻

续表

施工步骤	作业内容	标准或要求	作业危险点	控制（监护）措施	作业方法
3	直流励磁回路	（1）励磁引入电缆绝缘完好无损，端头绑扎带无松动脱落，且牢固固定在支持架上，与碳刷架连接处无松动、无烧焦、无发黑变色现象； （2）用红外测温仪测量刷辫与碳刷连接处温度不得大于120 ℃； （3）碳刷架固定环与支持绝缘柱无油污积尘； （4）碳刷不得短于全长的1/3（刷体后端面磨入刷握10 mm），刷下边距铜辫最小应有10 mm； （5）转子滑环碳刷无剧烈火花，碳刷在刷握中无摆动、卡住，无发热变黑和断线现象； （6）转子滑环表面光洁圆滑，整流子表面清洁、光滑，片间云母无凸出	衣服、头发被转动机器缠绕	站在警示标示线外 用巡检电筒仔细观察	目视 红外测温仪
4	推力油槽	（1）推力进水阀*209在全开位置，压力变送器完好无异、接线无松动脱落，指示值在0.15～0.2 MPa； （2）进排水管水流畅通，管接头和阀门无渗漏水； （3）推力油槽无渗漏油、甩油现象； （4）进油阀*103、排油阀*104在全关位置； （5）进排油管阀门和管接头无渗漏油现象； （6）油色清亮透明，无混浊乳化变色现象； （7）油位信号器无渗漏油现象； （8）油位在上下限范围内； （9）工作引线完好，无断裂损坏	衣服、头发被转动机器缠绕	站在警示标示线外 用巡检电筒仔细观察	目视
5	定子及轴承温度	（1）在机组监控显示器上查看，定子线圈及定子铁芯的温度最高不得超过105 ℃，最好保持在60～85 ℃下运行； （2）在机组监控显示器上查看，推力轴承温度＜60 ℃； （3）在机组监控显示器上查看，下导轴承温度＜50 ℃	误操作	查看时应小心谨慎 站在警示标示线外	目视
6	下导油槽	（1）下导油槽无渗漏油、甩油现象； （2）进油阀*101、排油阀*102在全关位置； （3）进排油管阀门和管接头无渗漏油现象； （4）油色清亮透明，无混浊乳化变色现象； （5）油位信号器无渗漏油现象； （6）油位在上下限范围内； （7）工作引线完好，无断裂损坏	摔伤、碰伤	站在警示标示线外 用巡检电筒仔细观察	目视

147

施工步骤	作业内容	标准或要求	作业危险点	控制(监护)措施	作业方法
7	接地碳刷	(1)碳刷架固定环与支持绝缘柱无油污、无积尘; (2)碳刷在刷握中无摆动、卡住,无发热变黑和断线现象	摔伤 碰伤	站在警示标示线外 用巡检电筒仔细观察	目视
8	中性点	(1)中性点连接处无发热变形、发黑变色现象; (2)瓷瓶清洁,无破裂、放电痕迹; (3)支持构件牢固,无破损锈蚀和变形、变位现象	摔伤 碰伤	站在警示标示线外 用巡检电筒仔细观察	目视
9	引出线	(1)发电机引出线连接处相色无烧焦、发黑变色现象; (2)瓷瓶清洁,无破裂、放电痕迹; (3)支持构件牢固,无破损锈蚀和变形、变位现象	摔伤 碰伤	站在警示标示线外 用巡检电筒仔细观察	目视 鼻闻
10	发电机散热风温	(1)温度表外观完好无异常,工作引线完好,无断裂损坏; (2)风温指示在正常范围(风温最高≯70 ℃)	摔伤 碰伤	站在警示标示线外	目视
11	风洞	风洞内无焦臭味、火花、异物、异音和异常振动	摔伤 高空跌落	注意巡视通道有无障碍物	鼻闻 目视 耳听
12	励磁变	(1)励磁变压器铭牌及双重编号清晰完好; (2)油漆无严重脱落,各部无渗漏油,外壳接地导体完好,接地牢固; (3)运行时铁磁声音均匀恒定,无异常声响和声音增大; (4)油色清亮透明,无混浊、变色现象; (5)油标指示油位在上下限范围内; (6)高压导线、瓷瓶清洁,无破裂、放电痕迹以及渗漏油现象; (7)支持构件牢固,无破损锈蚀和变形变位现象; (8)油温表外观完好无异常,工作引线完好,无断裂损坏; (9)油温指示在正常范围(油温最高≯70 ℃,一般≯65 ℃); (10)散热风扇防护罩安装牢固,风扇叶片外观完好,无断裂、松动,且清洁无异响; (11)风扇电机引线完好,无烧伤断线现象; (12)转向正确,运转时无异音、异味和异常振动	触电 摔伤	站在警示标示线外 肢体距励磁变＞0.7 m	目视 鼻闻 耳听
13	巡检完毕	检查巡视检查记录无漏项	巡检漏项	检查记录无漏项	检查确认

表 3-2-4　实训任务 4：开关室的巡视检查工艺、工序卡

施工步骤	作业内容	标准或要求	作业危险点	控制（监护）措施	作业方法
1	巡检人员正确着装	戴好安全帽、扣好袖口、盘好头发	衣服、头发被机器缠绕	检查巡检人员着装符合规程要求	目视
2	开关室大门	(1) 大门关闭严密，锁具完好； (2) 大门上方悬挂的开关室电压等级和名称标示牌清晰准确	巡检漏项	仔细巡检到位	目视
3	开关室环境	(1) 雨雪天气检查房屋无渗水、漏水现象； (2) 室内应无散落器材，没有危险品； (3) 室内照明和事故照明灯完好，光线充足	巡检漏项	仔细巡检到位	目视
4	组合式封闭开关柜整体外观	(1) 组合式封闭开关柜编号及名称标识清晰，与设备相符； (2) 五防挂锁正确装设，柜体清洁，无倾斜、位移； (3) 柜门关闭严密，开关现地操作机构完好	巡检漏项	仔细巡检到位	目视
5	组合式封闭开关柜运行情况	(1) 设备运行无异常放电声响； (2) 分合闸转换开关完好，无卡住现象，分合闸指示灯与设备实际工况一致； (3) 储能开关在投入位置，储能指示白灯亮； (4) 柜门上电流表完好，其测量值与远方监控值基本相符； (5) 中间继电器完好，各触头无粘连、卡住等现象，DXN-T 户内高压带电显示装置完好，三相带电显示与实际运行工况一致； (6) 二次保险 3RD—4RD 无熔断； (7) 空开 DK 正确投入； (8) 端子排接线完好，无烧焦、无发黑、无变色、无松动脱落现象	触电	站在警示标示线外 用巡检电筒仔细检查	耳听 目视 鼻闻
6	隔离开关及地刀操作机构	(1) 隔离开关及地刀操作机构完好，无锈蚀； (2) 行程开关传动无脱落，接线完好，无松动	触电	站在警示标示线外	目视
7	组合式封闭 PT 柜整体外观	(1) 组合式封闭 PT 柜编号及名称标识清晰，与设备相符； (2) 五防挂锁正确装设，柜体清洁，无倾斜、位移，柜门关闭严密	触电	站在警示标示线外	目视

续表

施工步骤	作业内容	标准或要求	作业危险点	控制（监护）措施	作业方法
8	组合式封闭PT柜运行情况	（1）设备运行无异常放电声响； （2）电压表测量切换把手完好，其测量值与远方监控值基本相符，三相电压无异常； （3）二次保险无熔断，端子排接线完好，无焦臭味，无松动、无变形、无变位、无脱落现象	触电	站在警示标示线外	目视耳听鼻闻
9	组合式封闭柜接地装置	与柜体连接的接地扁钢完好牢固，无锈蚀、无断裂	触电	站在警示标示线外	目视
10	消防设施	消防设施齐备、完好、合格	巡检漏项	仔细巡检到位	目视
11	巡检完毕	（1）检查巡视检查记录无漏项； （2）锁上开关室大门	巡检漏项防止小动物进入	检查记录无漏项，进出随手关门	检查确认

七、评价反馈

实训任务的评价标准分别见表3-2-5至表3-2-8所列。

表3-2-5　实训任务1：《调速器巡回检查》评分标准

班级：　　　姓名：　　　学号：　　　考评员：　　　成绩：

序号	作业名称	质量标准	分值	扣分标准	扣分	得分
1				工作准备		
1.1	着装穿戴	穿工作服、工作鞋；戴安全帽	5	（1）未穿工作服、工作鞋，未戴安全帽，每缺少一项扣2分； （2）着装不规范，每处扣2分		
1.2	工器具检查	检查工器具齐全，符合使用要求	5	（1）工具未检查、试验扣5分； （2）工器具选择不正确，每件扣1分		
2				工作过程		
2.1	调速器整体外观	外观清洁情况、阀门开闭情况、管路阀门渗漏情况	5	（1）未检查设备清洁情况扣2分； （2）未检查阀门是否正常扣1分； （3）未检查管路和阀门有无渗漏扣2分		
2.2	电调柜检查	正确检查电调柜相关指示、相关按钮把手位置与指示、设备有无异常、清洁情况	25	（1）未检查、核对导叶开度指示的，扣2分； （2）未检查、核对机组转速指示的，扣2分； （3）未检查触摸屏、触摸屏显示状态和相关参数的，扣2分；		

续表

序号	作业名称	质量标准	分值	扣分标准	扣分	得分
2.2	电调柜检查	正确检查电调柜相关指示、相关按钮把手位置与指示、设备有无异常、清洁情况	25	(4)未检查手、自动切换开关位置的,扣2分; (5)未检查导叶增、减开关是否正常的,扣2分; (6)未检查"自动运行""停机复归"按钮指示灯亮,"紧急停机""手动运行""备用"等按钮和指示灯的,每一项扣2分; (7)未检查交流电源开关、直流电源开关的,每一项扣2分; (8)未检查柜内PLC、放大板等各电子模块的,每一项扣2分; (9)未检查柜内各模块连线、继电器、端子排有无松动、过热的,每一项扣2分; (10)未检查柜内清洁、有无烧焦、发黑变色、异味等异常现象的,每一项扣2分		
2.3	机械柜检查	正确检查调速器机械装置、油压指示、电磁阀状态以及传动机构动作	25	(1)未检查调位移传感器的、未检查位移传感器有无动作异常的,扣5分; (2)未检查相关压力指示表计及数值是否正常的,扣5分; (3)未检查相关电磁阀位置、接线是否正常,电磁阀有无渗漏油的,每项扣5分; (4)未检查相关传动机构的,扣5分		
2.4	压力油罐与回油箱	正确检查压力油罐、回油箱罐状态,正确检查相关管路、压力表计	25	(1)未检查压力油罐各管路、管接头、压力变送器等无渗漏油和漏气现象的,每项扣3分; (2)未检查油质、油位、油压的,每项扣5分; (3)未检查各设备外观是否正常的,扣5分; (4)未检查压力油罐有无渗油、漏油的,未检查阀门位置是否正常的,每项扣2分		
2.5	油泵电机	检查压力油罐回油箱、油泵、安全阀、组合阀组以及连接管路外观,检查压力、油位	5	(1)未检查电动机引线及接地完好的,扣2分; (2)未检查电机外观,扣1分; (3)未检查电机是否有异常的振动及声响,有无过热现象的,扣2分		
3				工作结束		
3.1	巡检结束,填写巡检记录,并提交审核	巡检结束,填写巡检记录,并提交审核	2	(1)未填写巡检记录并提交审核的,扣2分; (2)损坏工器具的,每件扣5分		

续表

序号	作业名称	质量标准	分值	扣分标准	扣分	得分
3.2	安全文明生产	巡检结束后,将所选工器具放回原位,摆放整齐,无损坏设备、工具;恢复现场;无不安全行为	3	(1)出现不安全行为,每项扣1分; (2)作业完毕,所选工器具未放回原位扣2分; (3)损坏工器具的,每件扣2分		
合计			100			

表 3-2-6　实训任务2:《水轮机巡回检查》评分标准

班级:　　　姓名:　　　学号:　　　考评员:　　　成绩:

序号	作业名称	质量标准	分值	扣分标准	扣分	得分
1				工作准备		
1.1	着装穿戴	穿工作服、工作鞋;戴安全帽	5	(1)未穿工作服、工作鞋、未戴安全帽的,每项扣2分; (2)着装不规范,每项扣2分		
1.2	工器具检查	检查工器具齐全,符合使用要求	5	(1)工具未检查、试验的,扣5分; (2)工器具选择不正确的,每件扣1分		
2				工作过程		
2.1	机组总冷却水	机组总冷却水电磁阀、进排水情况、管路情况、标记指示正常	10	(1)未检查机组冷却水阀门开闭情况扣2分,不能说出冷却相关水阀门在停机时的开闭状态扣2分; (2)未检查冷却水压,未判断冷却水压是否符合运行规程的,每项扣2分; (3)未检查管路接头情况、未检查阀门漏水情况、未检查冷凝水情况的,每项扣2分		
2.2	水轮机仪表屏	正确检查水轮机仪表屏相关表计	15	(1)未检查钢管压力变送器完好的、未检查其渗水情况、未检查表计读数的每项扣2分; (2)未检查蜗壳压力变送器完好的、未检查其渗水情况、未检查表计读数的每项扣2分; (3)未检查转轮上腔压力变送器完好的、未检查其渗水情况、未检查表计读数的每项扣2分; (4)未检查水导瓦温度表完好 情况的、未检查表计引线情况的、不能正确读出瓦温数值及指出限值的,每项扣2分		

续表

序号	作业名称	质量标准	分值	扣分标准	扣分	得分
2.3	水轮机外观及运行特征	检查水轮机蜗壳、水导油槽运行情况,检查水轮机运转声音情况,检查水轮机震动和摆动	10	(1)未检查水轮机蜗壳清洁与否的扣2分,未检查蜗壳固定螺栓的扣2分; (2)未检查水导油槽有无漏油和甩油现象的,每项扣2分; (3)未检查水轮机运转声音是否正常的扣2分; (4)未检查水轮机运转有无异常的振动和摆度的扣2分		
2.4	水导冷却水及主轴密封润滑水	检查水导冷却水管路、阀门情况,检查主轴密封润滑水情况	20	(1)未检查水导冷却进、排水阀门位置及开度的,每项扣2分; (2)未检查水导冷却水压力变送器外观是否完好,表阀是全开的,每项扣2分; (3)未检查水导水压,未判断水压是否在允许范围内的,扣2分; (4)未检查水导冷却水是否畅通的,管接头和阀门是否漏水,冷却水管有无漏水和结露现象的,每项扣2分; (5)未检查主轴密封润滑水阀门位置、水压是否正常的,扣2分; (6)未检查主轴密封润滑水压力变送器外观是否完好的,表阀是否全开的,扣2分; (7)未检查主轴密封润滑水压力(0.05～0.2 Mpa)是否略大于转轮上腔压力的,扣2分; (8)未检查主轴密封水流是否畅通,未检查管接头和阀门是否漏水的,每项扣2分		
2.5	水轮机部分	检查水轮机部分是否正常	20	(1)未检查水导油槽翻油是否正常的,扣2分;未检查测温装置接线是否完好,扣2分; (2)未检查水导油槽油色是否正常的,扣2分; (3)未检查水导油槽油位是否正常的,扣2分; (4)未检查水导油槽油位信号器是否完好,指示是否正确,油位信号器有无漏油、渗油的,扣2分; (5)未检查顶盖排水孔有无堵塞,自流排水是否畅通,顶盖水位有无异常升高的,每项扣2分; (6)未检查双连臂、导叶臂、半圆销、剪断销等有无拔起的,扣2分;未检查剪断销信号器有无脱落、断裂,接线是否完好的,每项扣2分; (7)未检查主轴密封有无异常漏水现象的扣2分;未检查控制环转动是否顺畅、有无抬起现象的扣2分;未检查压力钢管进入孔、蜗壳进入孔、尾水进入孔有无漏水的,每项扣2分; (8)未检查尾水管有无剧烈振动、真空破坏阀动作是否正常,有无渗漏水的,扣2分		
2.6	导叶开度仪	检查导叶开度仪工作情况	10	(1)未检查导叶开度仪外观是否完好,扣2分,接线是否紧固的,每项扣3分; (2)未检查螺丝有无松动现象的,扣2分		

续表

序号	作业名称	质量标准	分值	扣分标准	扣分	得分
3			工作结束			
3.1	巡检结束，填写巡检记录，并提交审核	巡检结束，填写巡检记录，并提交审核	2	未填写巡检记录、未提交审核的扣2分		
3.2	安全文明生产	巡检结束后，将所选工器具放回原位，摆放整齐；无损坏设备、工具；恢复现场；无不安全行为	3	(1)出现不安全行为每次扣2分；(2)作业完毕，所选工器具未放回原位扣1分，不彻底扣1分；(3)损坏工器具每件扣3分		
合计			100			

表3-2-7　实训任务3：《发电机巡回检查》评分标准

班级：　　　姓名：　　　学号：　　　考评员：　　　成绩：

序号	作业名称	质量标准	分值	扣分标准	扣分	得分
1			工作准备			
1.1	着装穿戴	穿工作服、工作鞋；戴安全帽	5	(1)未穿工作服、工作鞋，未戴安全帽，每项扣2分；(2)着装不规范，每处扣2分		
1.2	工器具检查	检查工器具齐全，符合使用要求	5	(1)未检查、试验工器具扣5分；(2)工器具选择不正确，每件扣1分		
2			工作过程			
2.1	发电机检查	检查集电环、发电机本体、上导等	80	(1)未检查集电环有无异响、异味、集电环表面是否清洁，有无碳粉积聚，所有连接导线是否清洁、完好，有无过热，每项扣2分；(2)未检查碳刷固定是否良好，与滑环接触是否良好，碳刷厚度是否正常、完整，有无松动、卡塞、过热、变色，磨损是否均匀，每项扣3分；		

续表

序号	作业名称	质量标准	分值	扣分标准	扣分	得分
2.1	发电机检查	检查集电环、发电机本体、上导等	80	(3)未检查功率是否在正常范围内,扣3分; (4)未检查外风洞是否有异响、异味扣4分; (5)未检查机端出口电压互感器、电流互感器是否有异响、异味,扣4分; (6)未检查机端电压、电流扣4分; (7)未检查发电机瓦温是否异常,扣4分; (8)未检查发电机振摆数据是否异常,扣4分; (9)不清楚机组瓦温跳机逻辑的,扣4分; (10)未检查中性点闸刀电源、位置是否异常,扣4分; (11)未检查上导冷却水进、出口水压是否正常扣4分; (12)未检查油位计是否异常扣4分; (13)未检查油水管路是否漏水、漏油,阀门位置是否正确扣4分; (14)未检查机坑温度是否异常扣4分; (15)未检查机械制动/顶转子装置各阀门位置是否正确,气压是否正常,扣4分		
3			工作结束			
3.1	巡检记录	巡检结束,填写巡检记录,并提交审核	4	未填写巡检记录,并提交审核扣4分		
3.2	安全文明生产	巡检结束后将所选工器具放回原位,摆放整齐;无损坏设备、工具;恢复现场;无不安全行为	6	(1) 出现不安全行为每次扣2分; (2) 作业完毕,所选工器具未放回原位扣2分,不彻底扣1分; (3) 损坏工器具每件扣2分		
	合计		100			

表 3-2-8　实训任务 4:《开关室巡回检查》评分标准

班级：　　　姓名：　　　学号：　　　考评员：　　　成绩：

序号	作业名称	质量标准	分值	扣分标准	扣分	得分
1				工作准备		
1.1	着装穿戴	穿工作服、工作鞋；戴安全帽	2	(1)未穿工作服、工作鞋，未戴安全帽，每项扣1分； (2)着装穿戴不规范，每项扣1分		
1.2	工器具检查	检查工器具齐全，符合使用要求	3	(1)未检查、试验工器具扣2分； (2)工器具选择不正确每件扣1分		
2				工作过程		
2.1	开关室大门与环境	对大门关闭状态等进行巡视	15	(1)未检查大门关闭是否严密，锁具是否完好，每项扣2分； (2)未检查大门上方悬挂的开关室电压等级和名称，标示牌是否清晰准确，每项扣2分； (3)雨雪天气未检查房屋有无渗、漏水现象扣2分； (4)未检查室内有无散落器材，有无危险品，每项扣2分； (5)未检查室内照明和事故照明灯是否完好，光线是否充足，每项扣2分		
2.2	组合式封闭开关柜整体外观	正确检查开关柜整体状态与外观	20	(1)未检查组合式封闭开关柜编号及名称标识是否清晰、是否与设备相符，每项扣3分； (2)未检查五防挂锁是否正确装设，柜体是否清洁、有无倾斜、位移，每项扣3分； (3)未检查柜门关闭是否严密，开关现地操作机构是否完好，每项扣3分		
2.3	组合式封闭开关柜运行情况	正确检查开关柜的运行状态	20	(1)未检查设备运行有无异常 放电声响的，扣3分； (2)未检查分合闸转换开关是否完好、有无卡住现象，未检查分合闸指示灯与设备实际工况是否一致的，每项扣3分； (3)未检查储能开关是否在投入位置，储能指示白灯是否正常的，每项扣2分； (4)未检查柜门上电流表是否完好，未检查其测量值与远方监控值是否基本相符的，每项扣3分； (5)未检查中间继电器是否完好，未检查各触头有无粘连、卡住等，每项扣3分； (6)未检查户内高压带电显示装置是否完好，未检查三相带电显示与实际运行工况是否一致的，每项扣3分； (7)未检查二次保险有无熔断，未检查空开DK是否正确投入的，每项扣3分； (8)未检查端子排接线是否完好，有无烧焦、发黑、变色、松动脱落现象的，每项扣2分		

续表

序号	作业名称	质量标准	分值	扣分标准	扣分	得分
2.4	隔离开关及地刀操作机构	正确检查相关机构完整情况	10	(1)未检查隔离开关及地刀操作机构是否完好的,扣2分; (2)未检查行程开关传动有无脱落,接线是否完好,有无松动,每项扣2分		
2.5	组合式封闭PT柜整体外观及运行情况	正确检查PT柜外观及运行情况	10	(1)未检查组合式封闭PT柜编号及名称标识是否清晰、是否与设备相符的,每项扣2分; (2)未检查五防挂锁是否正确装设,柜体是否清洁,有无倾斜、位移的、柜门是否关闭严密的,每项扣2分; (3)未检查设备运行有无异常及放电声响的,扣2分; (4)未检查电压表测量切换把手是否完好,其测量值与远方监控值是否基本相符的、三相电压有无异常的,每项扣2分; (5)未检查二次保险有无熔断,端子排接线是否完好,有无焦臭味,有无松动、变形、变位、脱落现象的,每项扣2分		
2.6	接地	检查接地是否正常	5	未检查与柜体连接的接地扁钢是否完好、牢固、有无锈蚀、断裂的,每项扣2分		
2.7	消防	检查消防装置	5	未检查消防设施是否齐备、完好、合格的,每项扣1分		
3			工作结束			
3.1	巡检记录	巡检结束,填写巡检记录表,并提交审核	3	未填写巡检记录,未提交审核,扣3分		
3.2	安全文明生产	巡检结束后,将所选工器具放回原位,摆放整齐;无损坏设备、工具;恢复现场;无不安全行为	7	(1)出现不安全行为每次扣2分; (2)作业完毕,所选工器具未放回原位扣2分,不彻底扣1分; (3)损坏工器具的,每件扣2分; (4)未及时关闭开关室门扣1分		
	合计		100			

1. 学生自评

学生自评表见表3-2-9所列。

表3-2-9　学生自评表

序号	任务	完成情况记录
1	是否按计划时间完成（20）	
2	整体任务完成情况（20）	
3	技能训练情况（40）	
4	创新情况（10）	
5	个人收获（10）	

2. 学生互评

学生互评表见表3-2-10所列。

表3-2-10　学生互评表

序号	评价内容	小组互评	签名
1	是否按计划时间完成（10）		
2	整体任务完成情况（40）		
3	语言表达能力（20）		
4	团队协作能力（20）		
5	创新点（10）		

八、拓展思考

（1）进一步探索巡回检查要点。

（2）完成一份任务总结，归纳整理实训任务过程中的经验教训。

模块四　风力发电机组的运行与维护

任务一　风力发电机组设备认知和组装

一、学习情境

风能是由于空气流动所产生的动能，是地球上最重要的清洁能源之一。风力发电是指利用风力发电机组直接将风能转化为电能的发电方式。作为新能源的一种，风力发电对于解决与传统能源相关的环境和社会问题是一个有效可行的方法。同时，风力发电技术也是当今发展较快，相关技术较为成熟的清洁能源发电技术。近年来，在风电技术不断发展的过程中，先后涌现出多种不同的风力发电机及其控制技术。请根据风电实训基地现场观察以及课前资料阅读，确定本实训场地的风力发电机的类型，说出该风力发电机各部分结构和功能，探索风力发电机的基本工作原理。实训场地20 kW变桨距风力发电机外观如图4-1-1所示。

图4-1-1　20 kW变桨距风力发电机外观

二、学习目标

1. 知识目标

（1）能够准确说出风力发电机的分类方式和相关特点；

（2）能够准确说出风力发电机的结构和各部分功能；

（3）能够准确说出风力发电机的基本工作原理。

2. 技能目标

（1）能够在工作前做好危险点分析，并提出预控措施；

（2）能够根据现场规程正确规范地进行风电机组观察。

3. 思政目标

（1）养成良好的职业习惯，牢固树立安全意识；

（2）培养严谨的做事原则和高度负责的工作态度；

（3）激发学生对风力发电技术的学习兴趣，并乐于了解更多关于风力发电的知识和技能。

三、任务书

完成实训现场风力发电机观察和认知。

四、任务咨询

引导问题1： 了解风力发电机的分类、特点和发展趋势。

_____

_____

_____

_____

相关阅读1

目前，人们对风力发电机的研究焦点主要集中在如何使其更高效更可靠地实现风能向电能的转换。风电机组技术的发展主要呈现出大型化、变桨距、变速运行、无齿轮箱等特点。

1. 水平轴风电机组技术主流化

水平轴风电机组技术具有风能转换效率高、转轴较短，在大型风电机组上成本较低等优点，为主流机型，市场上占95%以上。垂直轴风电机组存在转轴过长、风轮转换效率低、启停机和变桨困难等问题。

2. 风电机组容量大型化

风电机组风轮直径和输出功率逐渐趋于大型化。近些年海上风机风轮直径达230 m，输出功率8～10 MW，扫风面积41 527 m²，相当于6个足球场大小。轮毂中心高度约130 m，机舱和叶轮总重量约500 t，塔筒和附件的总重量约650 t。

新技术突破：2023年10月28日，随着首台风机叶轮在110 m高空中与机舱精准对接，由国家电投集团投资建设，中电建成勘院、中国五冶集团、川电咨询等单位承建的喜德县玛果梁子130 MW风电项目首台风机吊装完成，标志着凉山州单机容量最大、单个叶片最长的风电项目工程建设取得重大节点性突破。玛果梁子130 MW风电项目是国家第一批"沙戈荒"大型风电光伏基地项目和四川省重点工程项目，采用了东方风电6.25兆瓦级风机机型，风机单个叶片97.3 m相当于34层高楼，风轮直径198 m，轮毂离地110 m，总重325 t，是名副其实的"庞然巨物"。整个项目坐落在平均海拔3200 m之上的玛果梁子山脊，这为设备运输和机组吊装带来了巨大挑战。据悉，玛果梁子130 MW风电项目全容量并网后每年可输出约3.1×10^8 kW·h的绿色电能，节约标准煤约1.05×10^5 t，减排二氧化碳约2.54×10^5 t，可以满足6万多家庭一整年的用电需求，能有效缓解川西地区电网峰值电力供需紧张局面，加快推动凉山州清洁能源开发利用，助力实现"双碳"目标。同时作为四川省重点工程，项目投产后能为喜德县增加年财政税收超千万元，为促进当地经济社会发展、助推乡村振兴。

3. 叶片设计理论与技术不断发展

风电机叶片设计理论计算应用来源于空气动力学知识和经验，逐步发展为贝茨极限、简化风车法、Glauert理论、动量叶素理论、Schmits理论、叶栅理论。叶片翼型发展为专用风力机翼型。

风电叶片的材质与制造技术都有了很大提升。当前，叶片采用热固性复合材料，缺点是难降解；叶片长度大于50 m时，广泛使用强化碳纤维材料、热塑性复合材料叶片，从而增加叶片的刚度，该材料具有可回收利用、质量轻、抗冲击性能好、生产周期短等优点，但是，工艺成本较高。由于玻璃纤维使用的环氧树脂或多元脂产量大，价格便宜，传统的兆瓦级风电机组叶片普遍都是采用玻璃钢强化塑料（GFRP）制作，由于其重量太重，导致叶片制造、运输和安装都面临一系列困难，为了方便兆瓦级叶片的道路运输，采用分段制作叶片。

4. 变速恒频为大趋势

变速恒频发电是20世纪70年代中期逐渐发展起来的一种新型风力发电系统。它将电力电子技术、矢量变换控制技术和微机信息处理技术引入发电机控制之中，改变了以往恒速才能恒频的传统发电概念，并表现出了卓越的运行性能，成为电力技术研究中的

热点。在发电过程中让风力机转速随风速变化而变化，通过其他控制方式来得到恒频电能的方法称为变速恒频。变速恒频的特点是风力机和发电机的转速可以在很大范围内变化而不影响输出电能的频率。由于风力机转速可变，可以通过适当的控制，使风力机叶尖速比处于或接近最佳值，从而最大限度利用风能。同时在很宽的风速范围内保持近乎恒定的最佳叶尖速比，从而提高风力机的运行效率，从风中获取的能量可以比恒速风力机高得多。

国内外比较关注的变速恒频发电方案是直驱永磁同步发电机和双馈风力发电机。随着电力电子技术的发展，大型变流器广泛应用于直驱式永磁发电机组及双馈发电机组，结合变桨距技术，在额定风速下发电机的输出功率更加平稳，且效率更高。

5. 直驱永磁同步发电机

发电机与叶轮直接连接进行驱动的方式叫做直驱。它的维修成本相对较低，噪声也比较小。直驱永磁同步风力发电系统主要包括桨距控制式风力机、永磁同步发电机、全功率变流器以及控制系统等四大部分。

6. 交流励磁变速恒频双馈风力发电机

该系统采用双馈型感应发电机，定子直接接到电网上，转子通过一三相变频器实现交流励磁。当风速发生变化时，发电机转速变化，控制转子励磁电流的频率，可使定子频率恒定，实现变速恒频发电。由于实现这种变速恒频控制是通过对转子绕组进行控制实现的，转子回路流动的功率由发电机转速运行范围所决定的转差功率，因而可以将发电机的同步速设计在整个转速运行范围的中间。这样如果系统运行的转差范围为正负0.3，则最大转差功率仅为发电机额定功率的30%左右，因此交流励磁变换器的容量可仅为发电机容量的一小部分，可以大大降低成本。

变速恒频交流励磁双馈型风力发电方案，除了可以实现变速恒频控制、减小变换器的容量外，还可实现有功、无功的解耦控制，可根据电网的要求，输出相应的感应或容性无功。这种无功控制的灵活性对电网非常有利。

7. 智能化控制技术

采用智能化控制技术，可以实时监控风电机组运行过程，一旦出现叶片所承受外界载荷（温度、风速、风载等）超过设计载荷、叶片主体产生裂纹、外界雷击等各种可能对叶片造成损伤的情况时，系统会发出预警信号，方便工作人员对叶片进行及时调整、维护和保养，提高可靠性。

8. 近海风力发电

近海风力资源丰富，对噪声要求低，且海风发电具有机组单机容量大、维修性好、可靠性高等优点。将来，对近海风资源测试评估、风电场选址、基础设计及施工、机组调装技术等有很大需求。

引导问题2： 观察风力发电机组的外观基本结构。

（1）抄写该风力发电机组的双重名称、型号等参数信息。

_____

_____

_____

_____

（2）说出实训场地风力发电机的类型。

_____

_____

_____

（3）写出该风力发电机组的特点，包括优点和缺点。

_____

_____

_____

_____

相关阅读2

风力发电技术是把风能转变为电能的技术，其利用风力带动风车叶片旋转，把风的动能转变为风轮轴的机械能，再经增速机提升旋转速度，使风力发电机发电。风力发电机组一般由基座、塔筒、风轮、发电机、限速安全机构、偏航系统（也叫回转系统）等构件组成。

（一）基座

风力发电机组的基座是其重要的支撑结构，它不仅能够保证风力发电机组的稳定性和安全性，还能够影响风力发电机组的发电效率。风力发电机组的基座主要有两种类型：塔式基座和桩式基座。塔式基座是一种高大的结构，通常用于大型风力发电机组，其高度可以达到100 m以上。而桩式基座则是一种较矮的结构，通常用于小型风力发电机组，其高度一般在10 m左右。基座作为发电机组的最基础部分，还安装有控制柜和水冷柜等装置。

1. 控制柜

风力发电机控制柜的主要作用包括以下内容。

（1）启停控制：通过控制柜对风力发电机进行控制，实现发电机的启动和停止。

（2）功率调节：控制柜可以实现风力发电机的功率调节，保障风力发电机在负荷变化时性能的稳定性。

（3）故障诊断：控制柜能够诊断风力发电机的各种故障，包括过短路、过压、欠压、缺相等故障。

（4）保护功能：控制柜可以对风力发电机进行各种保护，包括过流保护、过压保护、欠压保护、缺相等保护、接地保护等。

（5）提高稳定性：控制柜能够对风力发电机进行自动化控制，从而提高风力发电机的稳定性和可靠性。

（6）提高安全性：控制柜可以对风力发电机进行多重保护，保护风力发电机不受外界环境的影响调节风力发电机的功率输出，根据实际情况进行调整，从而提高风力发电机的发电效率。

（7）延长寿命：控制柜能够对风力发电机进行维护，发现故障及时进行处理，从而延长风力发电机的使用寿命。

（8）监控和调节电力：风力发电控制柜可以监控和调节风力发电机组的电力输出，以保证风力发电机组的高效稳定运行。

（9）控制和保护风力发电机组：风力发电控制柜还可以对风力发电机组进行控制和保护，确保其在安全、稳定的范围内运行。

（10）保障电网安全稳定运行：风力发电控制柜可以通过对电力的监控和调节，确保电网的安全、稳定运行。

2. 水冷柜

风电机组在运行过程中，会产生大量的热量，这些热量主要来自于发电机、齿轮箱、变流器等部件。如果不及时将这些热量散去，会导致部件温升过高，进而降低效率、缩短寿命、甚至引发故障。水冷柜的作用就是利用水的流动将变流器产生的热量带走，降低部件温度，保证风电机组安全高效运行。

（二）塔筒

塔筒由多个节段组成，用于支撑整个机组的结构，每个节段的长度不一，以便组装和固定。

（三）风轮

风轮也称叶轮，是将风能转化为机械能的装置。风轮形状一般为高度弯曲的螺旋状，这种形状可以提高风能的转换效率。风轮形式较多，但归纳起来主要分为两类：水平轴风轮，风轮的旋转轴与风向平行；垂直轴风轮，如图4-1-2所示，风轮的旋转轴垂直于地面或者气流方向。风轮主要由叶片、轮毂和旋转轴组成。

图4-1-2　垂直轴风轮

1. 叶片

叶片是风轮的主要部件，一般由玻璃钢、碳纤维复合材料等轻质高强材料制成。叶片具有较大的面积，可以更好地捕获风能。叶片的数量通常为3片或3片以上，多数为3的倍数，这样使风轮转动更加平衡，提高发电效率。

2. 轮毂

轮毂是连接叶片和旋转轴的组件，通常由铸铝或铸铁等高强度合金材料制成，其强度和刚性决定了叶轮的整体性能和使用寿命。同时，在叶轮轮毂上还需要预留安装电机和传动装置的空间。

3. 旋转轴

旋转轴是风力发电机的核心部件之一，用于传递叶轮转动的动能，驱动发电机发电。旋转轴由高强度钢材制成，通常为垂直轴或者水平轴结构。

（四）发电机

发电机负责将风轮获得的机械能转换成电能，是风力发电核心部件，选用不同类型的发电机，就构成了不同类型的风力发电机组。在风力发电机组中，发电系统是将风能变成电能的整体机构，是整个风力发电机组的重要组成部分，其结构也比较复杂。并且，不同类型的发电机的发电系统各不相同。

（五）限速安全机构

风机的限速安全机构是风力发电机组的重要组成部分，主要用于在风速过高时保护风机免受损害。通过限速安全机构，风力发电机组能够在保证发电效率的同时，有效应对极端天气条件，减少潜在的安全风险。

（六）偏航系统

偏航系统采用主动对风齿轮驱动形式，在控制系统的配合下，使叶轮始终处于迎风状态，充分利用风能，提高发电效率，同时提供必要的锁紧力矩，以保障机组安全运行。风力发电机组的偏航系统一般分为主动偏航系统和被动偏航系统。主动偏航指的是采用电力或液压拖动来完成对风动作的偏航方式，常见的有齿轮驱动和滑动两种形式。被动偏航指的是依靠风力通过相关机构完成机组风轮对风动作的偏航方式，常见的有尾翼、舵轮两种。对于并网型风力发电机组来说，通常都采用主动偏航的齿轮驱动形式。

引导问题3： 观察风力发电机组的机舱结构和功能。

（1）结合图4-1-3描述风力发电机的外观结构。

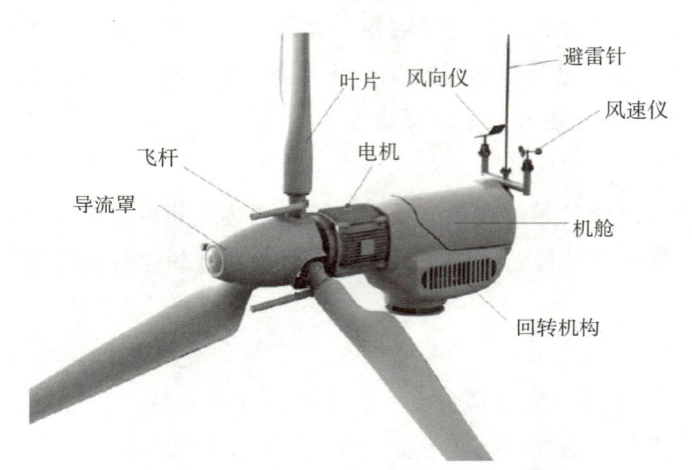

图4-1-3　某20 kW变桨距风力发电机外观结构

_____
_____
_____

（2）试阐述风力机外观各组成部分的作用。

_____
_____
_____

（3）结合图4-1-4和图4-1-5写出风力发电机机舱元件的构成。

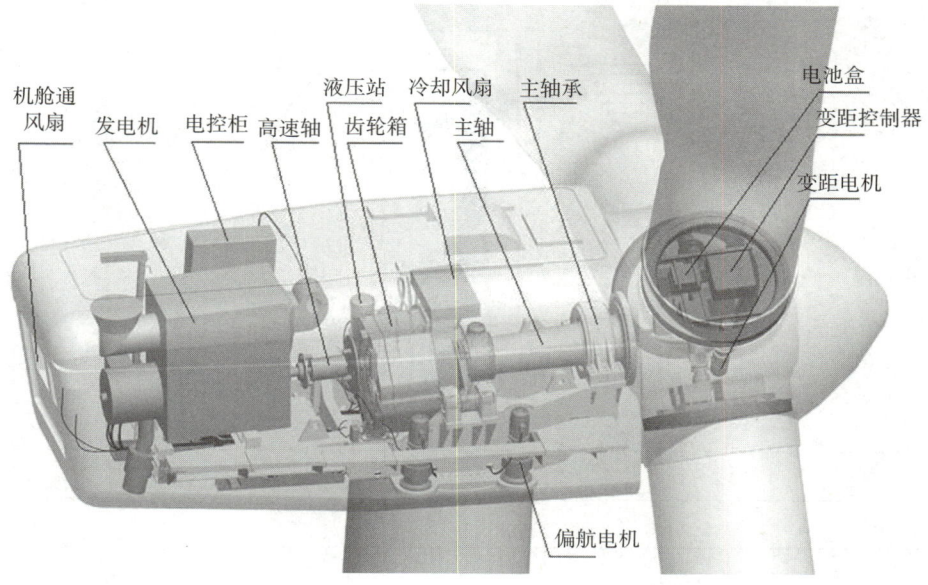

图4-1-4　风力发电机机舱内部结构示意图

图4-1-5　风力发电机机舱内部结构图

（4）描述风力发电机机舱内各主要元件的功能。

（5）试着结合图4-1-6阐述风力发电的基本工作原理。

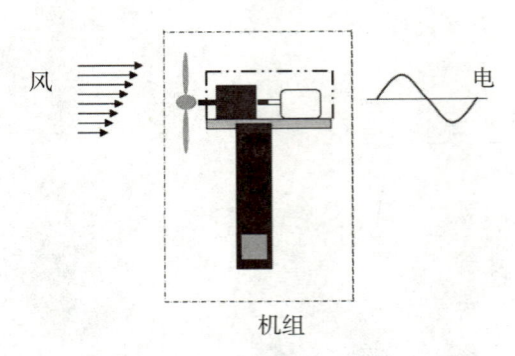

图4-1-6　风力发电的基本原理示意图

相关阅读3

　　风力发电机组的传动系统一般包括风轮、主轴、增速齿轮箱、联轴器、机械刹车、安全离合器及发电机等。但不是每一种风机都必须具备这些所有环节。有些风机的轮毂直接连接到齿轮箱上，不需要低速传动轴，也有一些风机设计成无齿轮箱的，叶轮直接连接到发电机上。叶轮叶片产生的机械能由机舱里的传动系统传递给发电机，它包括一个齿轮箱、一个离合器和一个能使风力机在停止运行时的紧急情况下复位的刹车系统。齿轮箱用于增加叶轮转速，从20～50 r/min增加到1000～1500 r/min，后者是驱动大多数发电机所需的转速。齿轮箱可以是一个简单的平行轴齿轮箱，其中输出轴是不同轴的，或者它也可以是较昂贵的一种，允许输入、输出轴共线，使结构更紧凑。传动系统要按输出功率和最大动态转矩载荷来设计。由于叶轮输出功率有波动，一些设计者试图通过增加机械适应性和缓冲驱动来控制动态载荷，这对大型的风力发电机来说是非常重要的，因为其动态载荷很大，而且感应发电机的缓冲余地比小型风电机的小。

五、准备决策

实训任务：风电机组装配与调试

1. 作业任务

在风力发电机装配与调试实训室完成风轮及机舱组装，并完成机组调试。

该项目为4人小组团队操作。

2. 作业条件

作业人员精神状态良好，熟悉风电机组装配工具使用方法，熟悉风电机组装配流程和技术要求，按照操作流程完成该项实训任务。

3. 作业前准备

（1）人员准备：作业人员穿工作服，佩戴安全帽、线手套，进行现场安全交底。

（2）设备准备：风电机组装配实训设备齐全、完好。

（3）工具准备：内六角组合扳手、组合工具（含棘轮扳手、螺丝刀、加长杆、转换头等）、一字螺丝刀、斜口钳、开口扳手、头灯、万用表、游标卡尺、塞尺、力矩扳手、螺钉、螺母、工具车、移动式悬臂吊等。

（4）现场准备：设置安全围栏和标示牌，工具放在工具箱内，螺丝螺母放置在相应储物盒中，所有物品定置摆放，保持实训室内清洁卫生。

4. 安全注意事项

（1）防止触电伤害：通电时严禁打开装置；系统可靠接地。

（2）设备损坏危险：保证设备安装位置通风散热；严禁将装置连接到电压超出允许电压范围的电源；严禁在系统端子施加电压；当系统给出报警信号时，必须查出原因并及时排除后方可继续返回正常运行状态。

（3）火灾和短路危险：航空插头不可虚接；现场设置消防设施。

（4）吊车安全事项。

①进行起重作业前，起重机司机必须检查各部装置是否正常，安全装置是否齐全、可靠、灵敏，严禁起重机各工作部件带"病"运行。

②起重机只能垂直吊起重物，严禁拖拽尚未离地的重物，避免侧面载荷。

③在起吊较重物件时，应先将重物吊离地面 10 cm 左右，检查起重机的稳定性和制动器等是否灵活和有效，在确认正常的情况下方可继续工作。

④严禁吊物上站人、严禁吊物超过人顶、严禁一切人员在吊物下站立和通过。

⑤起重机在进行起吊时，禁止同时用两种或两种以上的操作动作；严禁斜吊、拉吊和快速升降；严禁吊拨埋入地面的物件，严禁强行吊拉吸贴于地面的面积较大的物体。

⑥用两台起重机同时起吊一个重物,必须服从专人的统一指挥,两机的升降速度要保持相等,其对象的重量不得超过两机所允许的总起重量的75%;绑扎吊索时,要注意负荷的分配,每车分担负荷不能超过所允许最大起重量的80%。

⑦起重机在工作时,吊钩与滑轮之间应保持一定的距离,防止卷扬过限把钢缆拉断或吊臂后翻;在吊臂全伸变幅至最大仰角并吊钩降至最低位置时,卷扬滚筒上的钢缆应至少保留3匝以上。

⑧不允许长时间吊重物于空中停留,龙门吊吊装重物时,司机和地面指挥人员不得离开。

六、工作实施流程

(1) 风轮安装。
(2) 风轮吊装。
(3) 导流罩安装。
(4) 叶片安装。
(5) 机组调试:偏航调试、变桨调试。

七、评价反馈

1. 操作评价表

《风电机组装配与调试》评分标准见表4-1-1所列。

表4-1-1 《风电机组装配与调试》评分标准

班级:　　　姓名:　　　学号:　　　考评员:　　　成绩:

序号	考核要点	分值	评分标准	扣分原因	得分
1	工作准备				
1.1	(1)检查现场工具是否齐备和完好; (2)作业现场正确设置安全围栏和标示牌; (3)所有物品定置摆放,保持实训室整洁; (4)准备工作结束后向考评员示意,申请开始考试; (5)着装整洁,仪表端庄; (6)操作开始前应戴安全帽、线手套	7	(1)作业过程中发现工具、材料不足,遗漏一项扣1分; (2)现场安全围栏和标示牌未设置,每项扣2分; (3)现场环境不整洁,扣1分; (4)操作开始前着装等不符合要求扣1分; (5)未佩戴安全帽、线手套扣1分		

续表

序号	考核要点	分值	评分标准	扣分原因	得分
2	风轮安装				
2.1	(1)除了特殊说明外,装配过程一律使用白色螺丝; (2)用4个M4×20外六角螺栓正确将轮毂安装在轮毂工装上; (3)用3个M4×35外六角螺钉完成变桨轴承和刻度盘安装,并安装好轴承上剩余4个黑色M4×35螺钉,将除了轴承底部3个螺钉之外的其他7个螺钉预紧; (4)预安装变桨电机:将变桨电机从轮毂内侧插入电机安装孔,手动旋转变桨轴承内圈,使电机齿轮与轴承齿轮啮合,将电机安装止口完全装入轮毂安装孔; 注意:检查电机齿轮端面是否与变桨轴承齿轮端面是否对齐,如不对齐,需要测量高度差;取下变桨电机,然后用M4内六角扳手拧松变桨电机上小齿轮上的M4锁紧螺钉,然后根据测量的高度差值调整齿轮端面位,最后预紧M4锁紧螺钉; (5)安装变桨电机:对齐电机与轮毂的螺钉孔,用M3的内六角扳手在变桨电机上下方各安装1个M3×10的内六角平圆头螺钉,稍微预紧; (6)用塞尺测量齿轮间隙:手动转动变桨轴承,使轴承齿轮与变桨电机小齿轮啮合,并用塞尺插入啮合齿轮的背面间隙,保证0.5 mm的塞尺可以插入齿轮间隙,0.75 mm塞尺不能插入齿轮间隙。如不满足以上要求,则拆卸变桨电机的M3×10的内六角平圆头螺钉,转动变桨电机45°,重新安装M3×10的内六角平圆头螺钉,重复测量齿轮间隙,直至达到要求; (7)编码器组件安装:用M3内六角扳手安装编码器4个M3×8内六角平圆头螺钉,并预紧; (8)开关挡块安装:将开关挡块放置在变桨轴承内圈安装孔上,挡块弧面与轴承弧面重合,用M4的内六角扳手将2个黑色M4×8平圆头内六角螺钉拧入变桨轴承内侧孔,并预紧;	30	(1)螺丝使用错误,每处扣1分; (2)未采用2N·m预紧力矩安装,扣2分; (3)安装前,轴承表面油污未擦拭干净,扣1分; (4)安装过程中发生磕碰现象,每处扣2分; (5)电机齿轮端面与变桨轴承齿轮端面未对齐,扣2分; (6)安装操作不规范每处扣1分; (7)齿轮间隙不符合要求,扣2分; (8)编码器齿轮齿厚中心线与轴承齿轮齿厚中心线未对齐,扣1分; (9)光电开关伸出超过5 mm,扣2分		

续表

序号	考核要点	分值	评分标准	扣分原因	得分
2.1	(9)光电开关支架组件安装：将开关支架放置在轮毂安装面上，对齐安装孔，用M3内六角扳手将2个M3×8的内六角螺钉拧入轮毂，并预紧。安装其他2个M3×8的内六角平圆头螺钉并预紧。用2个M3的开口扳手检查光电开关的M3锁紧螺母是否预紧，光电开关勿伸出超过5 mm，以免第一次调试时挡块磕碰光电开关； (10)变桨控制柜组件安装：将柜体与支架安装在一起，用M3内六角扳手将4个M3×40内六角平圆头螺钉预紧。将安装好的组件放置在轮毂安装面上，用M3内六角扳手将2个M3×8内六角平圆头螺钉预紧，按照上述要求，安装剩余的2个变桨系统； (11)导流罩上支架安装：将导流罩上支架放置在轮毂上安装面上，用M4内六角板手将3个M4×10的内六角平圆头螺钉预紧； (12)导流罩下支架安装：将支架放置在变桨轴承外圈外安装面上，用M4开口扳手或棘轮扳手及套筒将3个M4×35外六角螺钉预紧，预紧力矩2N·m。采取同样方式，安装剩余2个导流罩下支架； (13)吊环螺钉安装：将3个M3的吊环螺钉安装在导流罩上支架的安装孔内，将9个M5的吊环螺钉分别安装在轮毂的三个面上				
3		风轮吊装			
3.1	(1)风轮与机舱连接用白色螺丝； (2)将风轮(带风轮工装)放置到吊车吊梁的正下方，工装在全部吊装过程中不允许离地，在吊装过程中不允许任何设备相互发生碰撞； (3)移动吊臂，至吊钩可以安装到风轮吊环的位置，其中将花纹螺栓收紧器的一端吊钩安装到风轮导流罩上支架安装面的吊环上，另一端安装至变桨轴承安装面的吊环上，调整花纹螺栓收紧器，使3根吊绳吊起风轮时，风轮下安装面保持水平(如不水平，必须反复调整直至吊装后机舱保持水平)；	30	(1)螺丝使用错误，每处扣1分； (2)风轮吊装过程中，工装离地每次扣5分，设备发生碰撞，每次扣3分； (3)花纹螺栓收紧器位置安装错误扣2分，吊起风轮时风轮下安装面不水平扣2分； (4)起吊过程不规范，每处扣2分		

续表

序号	考核要点	分值	评分标准	扣分原因	得分
3.1	(4)上升吊车至3根吊绳拉直,风轮未脱离工装安装面;拆卸风轮与风轮工装的4个M4×30的外六角螺钉; (5)撤掉风轮工装,使用吊车吊起风轮,调整吊车吊绳的长度,使风轮与主轴的安装面相对应,再撤掉带有花纹螺栓收紧器一端的吊绳,然后移动吊车,使风轮至与主轴安装面50 mm处,在移动吊车使主轴安装面与轮毂安装面接触; (6)旋转主轴使螺栓孔对齐,预固定3个白色M4×30螺钉,然后检查其他螺栓孔是否对齐;安装其他螺钉,并拧紧				
4	导流罩安装				
4.1	(1)导流罩亚克力板安装全部用黑色螺丝; (2)将导流罩从上至下套入轮毂,注意不要磕碰其他部件,用6个黑色M3×10内六角平圆头螺钉固定导流罩上部; (3)调整导流罩下部孔位,使安装孔对齐,并用黑色M3×16内六角圆柱头螺钉固定导流罩下部,加紧固螺母	10	(1)螺丝使用错误,每处扣1分; (2)安装导流罩时磕碰其他部件,每次扣2分; (3)未对齐安装孔,扣2分; (4)未加紧固螺母,扣2分; (5)安装过程按压机舱罩,每次扣1分		
5	叶片安装				
5.1	(1)叶片安装全部用白色螺丝; (2)手动拿起叶片,插入变桨轴承安装孔,通过轮毂导流罩前盖方向伸入内六角扳手安装叶片固定4个M3×12内六角平圆头螺钉;最后安装亚克力盖板,用4个M3×8的内六角平圆头螺钉固定;用相同方法安装其他2个叶片	10	(1)螺丝使用错误,每处扣1分; (2)操作流程错误,每次扣2分; (3)操作过程不规范,每次扣1分		
6	机组调试				
6.1	(1) 偏航调试。 偏航初步调试是在机舱装配完成并且未安装机舱罩前进行。必要部件为底盘、偏航轴承、摩擦盘、偏航电机、限位开关及线路连接。主要调试内容为: ● 偏航轴承与偏航电机齿轮之间的齿轮啮合状况 调节偏航小齿轮的锁定螺钉,要保证齿轮中心线对齐,小齿轮端面低于大齿轮端面2 mm;保证两个齿轮端面平行;保证齿轮间隙为0.3~0.75 mm,且两个偏航电机缝隙一致,并用塞尺对比	10	(1)未进行偏航初步调试,扣1分; (2)偏航轴承与偏航电机齿轮之间的齿轮啮合状况不满足,扣1分; (3)偏航定位开关感应不满足,扣1分; (4)偏航误差不满足,扣1分; (5)解缆不满足,扣1分; (6)进行变桨初步调试,扣1分; (7)变桨齿轮啮合状况不满足,扣1分; (8)限位开关的角度差不满足,扣1分; (9)3个变桨系统是否同步不满足,扣1分		

续表

序号	考核要点	分值	评分标准	扣分原因	得分
6.1	• 偏航定位开关 第一个定位开关感应大齿轮齿顶的一半,第三个定位开关感应该大齿轮齿顶的另一半 • 偏航精准位置 在底盘底部正下方靠近工装处画出标记,然后在工装的对应出画出标记,并在90°画出另一个标记(可参考工装的螺栓孔位置)。试转偏航电机,给定90°,检查底盘停止后的位置是否与90度标记一致,要求偏航误差±8° • 解揽 (2)变桨调试。 初步变桨调试是在风轮装配完成后,未安装导流罩前进行。必要部件为轮毂、变桨轴承、编码器组件、限位开关组件、开关挡块及线路连接。主要调试内容如下: • 变桨齿轮啮合状况 变桨调节变桨电机小齿轮的锁定螺钉,要保证小齿轮端面与大齿轮端面对齐,保证两个齿轮端面平行;保证齿轮间隙为 0.3～0.75 mm,并用塞尺测量 变桨调节编码器小齿轮的锁定螺钉,要保证小齿轮端面与大齿轮端面对齐,保证两个齿轮端面平行;保证齿轮间隙为 0.3～0.75 mm,并用塞尺测量 • 速度、变桨精准位置 调节限位开关位置使2个限位开关的角度差为5° 测试编码器重复误差,如果位置重复、误差过大,则需要重复对变桨齿轮啮合状况进行调试 • 3个变桨系统的同步及独立变桨 测试3个变桨系统是否同步,如果误差较大,需要重新调整编码器以及变桨电机				
7	完工整理现场				
7.1	整理现场,确保环境整洁卫生,所有工具定置摆放	3	环境卫生不规范扣1分,工具材料未定置摆放每处扣1分		
备注:每项分值扣完为止,不得倒扣分					

2. 学生自评

学生自评表见表4-1-2所列。

表4-1-2　学生自评表

序号	任务	完成情况记录
1	是否按计划时间完成（20）	
2	整体任务完成情况（20）	
3	技能训练情况（40）	
4	创新情况（10）	
5	个人收获（10）	

3. 学生互评

学生互评表见表4-1-3所列。

表4-1-3　学生互评表

序号	评价内容	小组互评	签名
1	是否按计划时间完成（10）		
2	整体任务完成情况（40）		
3	语言表达能力（20）		
4	团队协作能力（20）		
5	创新点（10）		

八、拓展思考

（1）进一步探索机舱安装工艺以及机舱、塔筒吊装工艺流程。

（2）完成一份任务总结，归纳整理实训任务过程中的经验教训。

任务二　风力发电系统的运行控制

一、学习情境

国内风电产业大规模发展已近二十年。随着时间的推移，风机的磨损，风电机组的维护已经成为确保风电场正常运行的关键。业内认为，随着我国风能优质资源区和新增装机容量的逐渐减少，风机运维将为整机提供商在竞争激烈的新增装机市场中拓展业务提供巨大空间。在本任务中，我们一起来认识风光运维检修实训区 20 kW 机组风力发电系统的运行控制，掌握风电机组最基本的运维操作。

二、学习目标

1. 知识目标

（1）能够准确说出风光运维检修实训区 20 kW 风力发电机组变桨系统、偏航系统的组成；

（2）能够准确说出风力发电机变桨的基本原理和作用；

（3）能够准确说出风力发电机偏航的基本原理和作用；

（4）能根据人机交互界面，准确识别风力发电机组运行状态。

2. 技能目标

会通过人机交互界面对风光运维检修实训区 20 kW 风力发电机组规范实施手动偏航控制。

3. 思政目标

（1）养成良好的职业习惯，牢固树立安全意识；

（2）培养严谨的做事原则和高度负责的工作态度；

（3）激发学生对风力发电技术的学习兴趣，并乐于了解更多关于风力发电的知识和技能。

三、任务书

对风光运维检修实训区 20 kW 风力发电机组规范实施手动偏航控制。

四、任务咨询

▶**引导问题1：** 认识风力发电机的变桨系统。

（1）请阐述风力发电机变桨系统的构成。

_____
_____
_____
_____

（2）请阐述风力发电机变桨的基本原理和作用。

_____
_____
_____
_____

相关阅读1

（一）变桨控制系统组成

变桨控制系统实现风力发电机组的变桨控制，在额定功率以上通过控制叶片桨距角使输出功率保持在额定状态。变桨控制柜主电路采用交流——直流——交流回路，由逆变器为变桨电机供电，变桨电机采用交流异步电机，变桨速率由变桨电机转速调节。

每个叶片的变桨控制柜，都配备一套由超级电容组成的备用电源，超级电容储备的能量，在保证变桨控制柜内部电路正常工作的前提下，足以使叶片以7°/s的速率，从0°顺桨到90°。当来自滑环的电网电压掉电时，备用电源直接给变桨控制系统供电，仍可保证整套变桨电控系统正常工作。

风电机组变桨系统主要包括变桨主控制器、伺服系统（包括伺服驱动器、伺服电机及其传感器）、备用电源系统、配电系统、减速箱和传感器等。

风电变桨系统采用三套伺服控制系统分别对每个桨叶的桨距角进行控制。以某1.5 MW机组为例，桨距角的变化速度一般不超过每秒10°，桨距角控制范围0~92°，电机轴至桨叶驱动轴的减速比在1800左右，每个桨叶分别采用一个带转角反馈的伺服电机进行单独调节，电机转角反馈采用编码器，安装在电动机轴上，由伺服驱动器实现转速和转角的闭环控制。

变桨系统分布结构如图 4-2-1 所示，伺服电机连接减速箱，通过主动齿轮与桨叶轮毂内齿圈相连，带动桨叶进行转动，实现对桨叶节距角的直接控制。在轮毂内齿圈上安装位置编码器或位置开关，用于比对电机编码器。在轮毂内齿圈边上还装有 2 个限位开关（91°和 96°）。

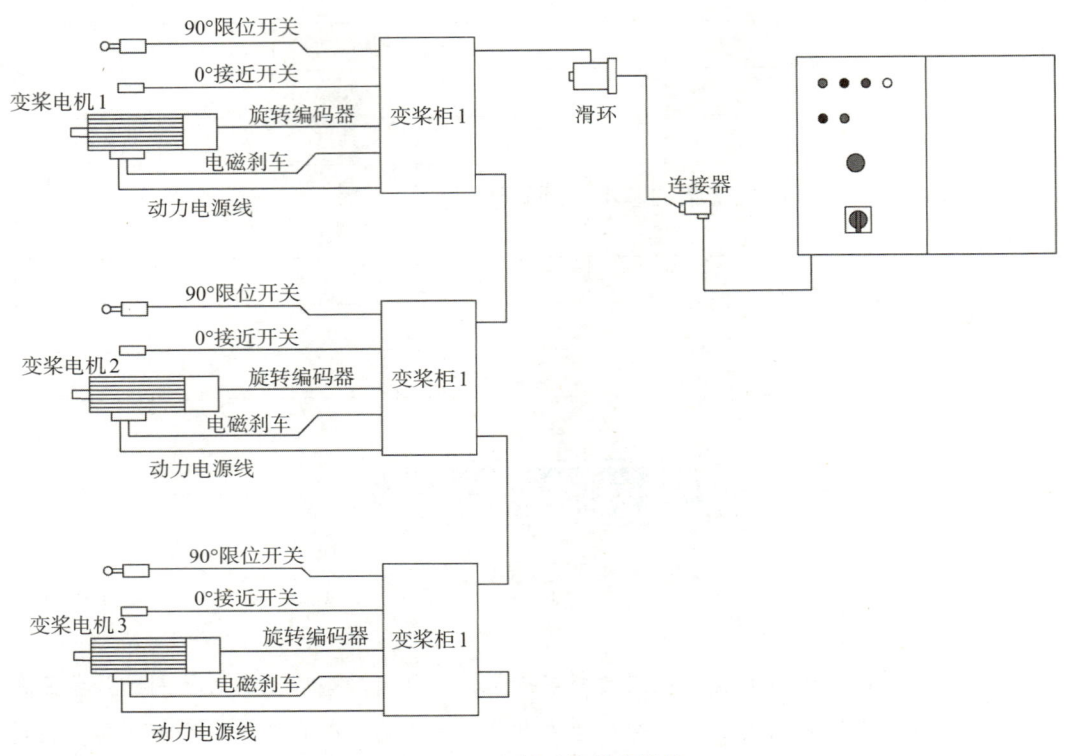

图 4-2-1 变桨系统分布结构

变桨系统的供电来自机舱柜提供的三相 380 V（带零线）交流电源（3×400 V+N+PE），该电源通过滑环引入轮毂中的变桨系统。如果交流供电系统出现故障或紧急状态下，由备用电源系统向伺服驱动器供电，快速将桨叶调节为顺桨位置。备用电源主要由储能机构（蓄电池或超级电容等）和充放电管理模块构成。目前风电机组变桨系统的总体结构主要有 3 柜、4 柜、6 柜和 7 柜，3 柜结构采用 3 个轴控制箱（后备电源及电源管理模块放在轴控制箱内，主控制器放在其中一个轴控制箱内或每个轴控制箱内配置 1 套控制器），4 柜采用 1 个主控制箱和 3 个轴控制箱（后备电源及电源管理模块放在轴控制箱内），6 柜结构采用 3 个轴控制箱（变桨主控制器放在其中一个轴控制箱内）和 3 个后备电源箱，7 柜结构采用 1 个主控制箱、3 个轴控制箱和 3 个后备电源箱。采用何种结构，与风电机组轮毂尺寸大小、后备电源类型及电压等级、配电系统的规模等诸多因素相关。

（二）变桨基本原理和策略

变桨距控制的目的在于使叶片的角度在一定范围（0~90°）变化，以便调节输出功率，避免了定桨距机组在确定攻角后，有可能夏季发电低，而冬季又超发的问题。在低风速段，功率得到优化，能更好地将风能转化为电能。

变桨系统是通过改变叶片的迎角，控制叶片的升力进而调节作用在风轮叶片上的扭矩和功率来实现功率变化调节的，当输出功率超过限定值时，变桨距系统自动调整叶尖角度，输出功率维持在额定值。如图4-2-2所示，通过变桨系统自动动态调控桨叶角度，进而调控风轮输出功率。

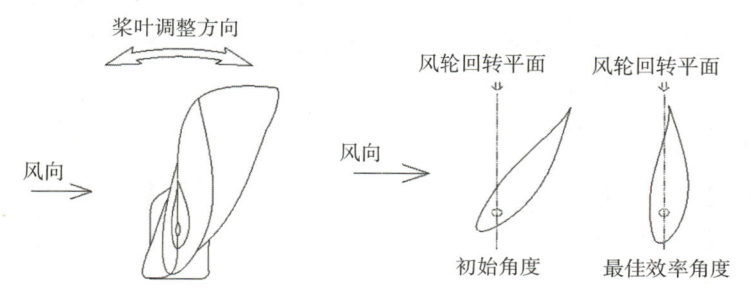

图4-2-2 桨叶调整示意图

变桨机组的控制策略如下。

（1）额定风速以下通过控制发电机的转速使其跟踪风速，这样可以跟踪最优Cp。Cp是风力机吸收和利用风能的效率，是风能转化为机械能的比例，Cp值越大，风能利用效率越高，风力机发电能力越强。

（2）额定风速以上通过扭矩控制器及变桨控制器共同作用，使得功率、扭矩相对平稳；功率曲线较好。

（三）变桨方式分类

自动变桨：正常工作状态下，由程序控制，确保风机输出功率稳定。

手动变桨：在对风力发电机进行调试、维护的过程中需要手动变桨。

强制手动变桨：一般在调试、维护的过程中进行。

强制手动变桨模式中，叶片能在-2°~95°桨距角范围内任意转动，而在非强制手动模式中，若要维护某一叶片，如叶片朝0°方向变桨，其桨距角不能小于5°，如叶片朝90°方向变桨，当碰到限位开关后，不能再变桨，若要继续变桨，可采取强制变桨模式变桨，而其余两个叶片则要求转到桨距角不能小于86°的位置。强制手动模式时，叶片角度不被任何限定值控制或限制，这样叶片能转到任何可能的位置，但是操作不当则可能对机械部件引起相当大的损害。

（四）关于风机叶片的常见名词解释

1. 叶片长度

叶片在风轮径向方向上的最大长度，即从叶片根部到叶尖的长度，称为叶片长度。叶片长度决定叶片扫掠面积，即收集风能的能力，也决定了配套发电机组的功率。随着风机叶片设计技术的提高，风力发电机组不断向大功率、长叶片的方向发展。

2. 叶片弦长

连接叶片前缘与后缘的直线长度称为叶片弦长。弦长最大处为叶片宽度，最小处在叶尖，弦长为零。叶片宽度沿叶片长度方向的变化，是为了使叶片所接受的风能能平均地分配到整个叶片上。叶片靠近根部宽、尖部窄，既可满足力学设计要求，又可减小离心力，同时还可以满足空气动力学要求。

3. 叶片厚度

叶片弦长垂直方向的最大厚度称为叶片厚度。它是一个变量，沿长度方向每一个截面都有各自的厚度。

4. 叶尖

水平轴和斜轴风力发电机的叶片距离风轮回转轴线的最远点称为叶尖。

5. 叶片投影面积

叶片在风轮扫掠面积上的投影的面积称为叶片投影面积。

6. 叶片翼型

叶片翼型也叫叶片剖面，是指用垂直于叶片长度方向的平面去截叶片而得到的截面形状。典型翼型是有弯度的扭曲型翼型，它的表面是一条弯曲的曲线，其空气动力特性较好，但是加工工艺较难。

7. 叶片安装角

风轮旋转平面与翼弦的夹角称为叶片的安装角或节距角。叶片的安装角与风力机的启动转矩有关。

8. 叶片扭角

叶片尖部几何弦与根部几何弦夹角的绝对值称为叶片扭角。叶片扭角是为改变叶片空气动力特性设计的，同时具有预变形作用。

9. 顺桨

风机处于正常发电状态时，风机叶片在 0°工作位置，如图 4-2-3 所示。将风机顺桨，就是将风机叶片由 0°变到 90°工作位置，此时，风机叶片方向与风向平行，如图 4-2-4 所示。通过调整风力发电机叶片的桨距角度，使叶片从迎风状态转变为垂直于风向,从而减小风力对风机的冲击并控制风机的转速和功率输出。这一操作在风速过高或需要紧急停机时尤为重要,可以有效防止安全事故的发生。

图 4-2-3　风机正常工作状态下的桨叶　　　图 4-2-4　风机顺桨状态下的桨叶

▶ 引导问题 2：认识风力发电机的偏航系统。

(1) 请阐述风力发电机偏航系统的构成。

(2) 请阐述风力发电机偏航的基本原理和作用。

相关阅读 2

(一) 偏航控制系统组成

偏航控制系统是风力发电机组电控系统的重要组成部分,是风力发电机组特有的伺服系统。它具有两个作用：一是在可用风速范围内自动准确对风,在非可用风速范围下能够 90°侧风；二是在连续跟踪风向可能造成电缆缠绕的情况下自动解缆。偏航系统的存在,使风力发电机能够运转平稳可靠,从而高效地利用风能,进一步降低发电成本,还能有效地保护风力发电机。

偏航系统一般由偏航轴承、驱动装置、偏航制动机构、偏航计数器、扭缆保护装

置、液压控制回路等组成。偏航轴承与齿圈是一体的，根据齿圈位置不同，可分外齿驱动形式和内齿驱动形式两种。

偏航驱动装置可以采用电动机驱动或液压马达驱动，制动器可以是常开式或常闭式。常开式制动器一般是指有液压力或电磁力驱动时，制动器处于锁紧状态的制动器；常闭式制动器一般是指有液压力或电磁力驱动时，制动器处于松开状态的制动器。采用常开式制动器时，偏航系统必须具有偏航定位锁紧装置或防逆传动装置。将两种形式相比较并考虑失效保护，一般采用常闭式制动器。

1. 偏航轴承

偏航轴承的轴承内外圈分别与机组的机舱和塔架用螺栓连接。偏航轴承可采用内齿或外齿形式。外齿形式是轮齿位于偏航轴承的外圈上，加工简单。内齿形式是轮齿位于偏航轴承的内圈上，啮合受力效果较好，结构紧凑。

2. 驱动装置

偏航驱动用在对风、解缆时，驱动机舱相对于塔筒旋转。驱动装置一般由驱动电动机或驱动马达、减速器、传动齿轮、轮齿间隙调整机构等组成，提供机组偏航的动力。驱动装置的减速器一般可采用行星减速器或蜗轮蜗杆与行星减速器串联，传动齿轮一般采用渐开线圆柱齿轮。

3. 偏航制动器

偏航制动器的功能是使偏航停止，同时可以设置偏航运动的阻尼力矩，使机舱平稳转动。偏航制动装置由制动盘和偏航制动器组成。制动盘固定在塔架上，偏航制动器固定在机舱座上。偏航制动器一般采用液压驱动的钳盘式制动器。

（1）偏航制动器是偏航系统中的重要部件，制动器应在额定负载下，制动力矩应稳定。在机组偏航过程中，制动器提供的阻尼力矩应保持平稳。

（2）制动盘通常位于塔架或塔架与机舱的适配器上，一般为环状。制动盘的材质应具有足够的强度和韧性，如果采用焊接连接，材质还应具有比较好的可焊性。此外，在机组寿命期内制动盘不应出现疲劳损坏。制动盘的连接、固定必须可靠牢固。

（3）制动钳由制动钳体和制动衬块组成。制动钳体一般采用高强度螺栓连接，用经过计算的足够的力矩固定于机舱的机架上。制动衬块应由专用的摩擦材料制成，一般推荐用铜基或铁基粉末冶金材料制成，铜基粉末冶金材料多用于湿式制动器，而铁基粉末冶金材料多用于干式制动器。一般每台风机的偏航制动器都备有两个可以更换的制动衬块。

（4）制动器应设有自动补偿机构，以便在制动衬块磨损时进行自动补偿，保证制动力矩和偏航阻尼力矩稳定。

4. 偏航计数器

偏航计数器是记录偏航系统旋转圈数的装置。当偏航系统旋转的圈数达到设计所规定的初级解缆和终极解缆圈数时，则计数器给控制系统发信号使机组自动进行解缆。

5. 扭缆保护装置

扭缆保护装置是偏航系统必须具有的装置。它的作用是在偏航系统的偏航动作失效后，电缆的扭绞达到威胁机组安全运行的程度而触发该装置，使机组进行紧急停机。一般情况下，这个装置是独立于控制系统的，一旦这个装置被触发，则机组必须进行紧急停机。扭缆保护装置一般由控制开关和触点机构组成，控制开关一般安装于机组的塔架内壁的支架上，触点机构一般安装于机组悬垂部分的电缆上。当机组悬垂部分的电缆扭绞到一定程度后，触点机构被提升或被松开而触发控制开关。

风力发电机组的机舱安装在回转支撑上，而回转支撑的内齿环与风力发电机组塔架用螺栓紧固相连，外齿环与机舱固定。调向是通过两台与调向内齿环相啮合的调向减速器驱动的。在机舱底板上装有盘式刹车装置，以塔架顶部法兰为刹车盘。

（二）偏航基本功能和原理

1. 基本功能

（1）偏航对风。偏航控制系统是一个随动系统，通过风传感器检测风速和风向信息，满足偏航条件即执行偏航动作。当风速大于设定值时，如果机头方向与风向夹角超过设定角度，风力发电机组将执行偏航对风；当此角度到达设定角度时，风力发电机组停止偏航。风力发电机组连续地检测风向角度变化，并连续计算单位时间内平均风向。风力发电机组根据平均风向判断是否需要偏航，防止在风扰动下的频繁偏航。当偏航条件具备时，风力发电机组释放偏航刹车，偏航电动机动作执行偏航任务。

（2）解缆顺缆。在实际运行工况中，风力发电机组会出现同一方向的偏航角度过大现象。偏航角度过大会造成电缆扭缆，因此在控制系统中设定了偏航系统小风自动解缆及强制解缆动作。

机舱向同一方向累计偏转2～3圈，若此时风速小于风力发电机组启动风速且无功率输出，则停机，控制系统使机舱反方向旋转2～3圈解绕；若此时机组有功率输出，则暂不自动解绕；若机舱继续向同一方向偏转累计达3圈时，则控制停机，解绕；若因故障自动解绕未成功，在扭缆达4圈时，扭缆机械开关将动作，此时报告扭缆故障，自动停机，等待人工解缆操作。

（3）风轮保护。当有特大强风发生时，停机并释放叶尖阻尼板，桨距调到最大，偏航90°背风，以保护风轮免受损坏。当控制器发出正常停机指令后，风力发电机组将按下列程序停机：切除补偿电容器；释放叶尖阻尼板；发电机脱网；测量发电机转速下降到设定值后，投入机械刹车；若出现刹车故障则收桨，机舱偏航90°背风。

当出现紧急停机故障时，执行如下停机操作：切除补偿电容器，叶尖阻尼板动作，延时 0.3 s 后卡钳闸动作。检测瞬时功率为负或发电机转速小于同步转速时，发电机解列（脱网）。若制动时间超过 20 s，转速仍未降到某设定值，则收桨，机舱偏航 90°背风。

2. 偏航系统动作过程及运行原理

（1）各组成部分运行原理。

①风速仪。风速仪的其风杯在空气流过时产生旋转。风速仪内部安装有光电子转速扫描装置，将风杯的转动转换成能够被控制系统识别的、与风速成一定比例的频率后输出。控制器检测风向标的输出频率，转换成对应的实时风速信息。

②风向标。风向标依靠低惯性风标捕获风向，风标通过转轴和轴承连接至风向标内部的一个五位格雷码盘。格雷码盘将风向均匀地分解成多个扇形区域。风向标摆动时，带动格雷码盘转动。光电子元件对格雷码盘进行扫描，并将得到的五位编码输入积分数模转换器，转换成模拟电流信号输出。模拟电流输出量与扫描的扇形数量成一定的比例关系。控制器根据采集的模拟电流信号计算出风向角度值。

③偏航接近开关。当金属物体在其检测范围内经过时，接近开关磁场会发生明显变化，内部电路会输出电压脉冲，通过检测脉冲数量或者脉冲频率就可以实现相应的计数、转速检测等功能。

偏航接近开关通过检测偏航时，经过它的偏航轴承外齿数量传送至控制器，转换成偏航角度值的变化。

④偏航驱动机构。偏航电动机主回路由偏航断路器、偏航接触器、热继电器及连接电缆组成。其主回路是一个正反转控制回路。电控系统通过分别接通左右偏航接触器，实现风力发电机组的左右偏航动作。

当偏航电动机得电后，其电磁刹车释放，电动机转动，偏航减速器将电动机的转动波速并将动作和转矩传递给偏航小齿轮，通过偏航小齿轮与偏航轴承外齿圈的啮合，实现机舱的偏航动作。

⑤偏航轴承及偏航刹车。偏航轴承外齿圈与偏航刹车盘固定，并通过螺栓安装在塔架顶端，内齿圈通过螺栓与机舱底板固定在一起。偏航闸也固定在底座上，通过其两侧闸片夹紧刹车盘，将机舱位置锁定。

（2）偏航系统动作过程。

风速仪及风向标连续地监测环境风速及风向，满足偏航条件时，风力发电机组执行自动偏航；或者风力发电机组执行自动解缆动作及其他人为偏航指令时，风力发电机组执行偏航动作。

偏航过程中风向标检测机舱与风向偏差角度，偏航接近开关计数偏航齿数。满足修止偏航条件或人为停止信航后，偏航电动机失电，电磁刹车执行刹车锁定偏航传动，偏航闸进油刹车，风力发电机组停止偏航。

此过程中偏航角度变化及风向角度变化会实时显示在控制面板及中央监控软件界面上。

(3) 执行偏航的指令方式及优先级。

风力发电机组偏航系统可以在多种指令形式下执行偏航动作。除上述提到的自动对风、自动解缆外，还拥有自动偏航侧风、控制面板手动偏航（键盘偏航）、机舱左右偏航开关偏航、中控远程偏航、中控偏航锁定等指令形式。

为了避免手动偏航导致的风力发电机组扭缆，设定手动偏航（键盘偏航、中控远程偏航）的最长偏航时间，超过设定时间风力发电机组自动停止偏航。

通过机舱左右偏航开关偏航时，应有人值守，防止风力发电机组持续偏航造成左右偏航开关被压下，安全链断开。

各偏航指令优先级从高到低排列如下：机舱左右偏航开关偏航、控制面板键盘偏航、中控远程偏航、侧风、解缆、自动对风。

(4) 偏航系统正常运行保护监测。

为保证偏航系统正常稳定运行，风力发电机组对其设定了相应的保护监测措施。

① 偏航电动机过载保护。

风力发电机组在偏航过程中容易出现偏航电动机过载现象。风力发电机组电控系统中设定了偏航电动机过载检测回路，此回路将偏航断路器、偏航热继电器辅助触点串联后接入检测模块。一旦检测回路任意一个节点断开，风力发电机组将报偏航电动机过载故障，风力发电机组正常停机。

② 偏航计数器故障。

风力发电机组发出偏航指令后，经过设定的时间，偏航接近开关没有检测到偏航角度值的变化，风力发电机组就会报出偏航计数器故障。导致偏航过载的大部分原因也可能导致偏航计数器故障。

(三) 偏航方式的分类

对于不同类型的风力发电机组，采用的偏航装置也各不相同。

1. 尾舵对风

微小型风力机通常采用尾舵对风，将尾翼装在尾杆上，对风轮轴平行或成一定的角度。尾舵调向结构简单、调向可靠、成本低廉、制作容易。

2. 风轮对风

中小型风机可用侧风轮作为对风装置。当风向变化时，位于风轮后面的两个侧风轮（其旋转平面与风轮旋转平面相垂直）旋转，并通过一套齿轮传动系统使风轮偏转。当风轮重新对准风向后，侧风轮停止转动，对风过程结束。

3. 伺服电动机或调向电动机调向

大中型风电机一般采用电动的伺服或调向电动机来调整风轮并使其对准风向。这种风电机的偏航系统一般包括感应风向的风向标、偏航电动机、偏航行星齿轮减速器、回转体大齿轮，经过比较后处理器给偏航电动机发出顺时针或逆时针的偏航命令。为了减少偏航时的陀螺力矩，电动机转速将通过同轴连接的减速器减速后，将偏航力矩作用在回转体大齿轮上，带动风轮偏航对风，当对风完成后，风向标失去电信号，电动机停止工作，偏航过程结束。

总之，尾舵对风与侧风轮对风是在风力的作用下风轮自行调至迎风位置，这种方式称之为被动迎风。而由调向电动机将风轮调至迎风位置，则称为主动迎风。并网型风力发电机组的偏航系统通常为主动偏航系统。主动偏航指的是采用电力或液压驱动完成对风、解缆动作的偏航方式，常见的有齿轮驱动和滑动两种形式。对于并网型风力发电机组来说，通常都采用主动偏航的齿轮驱动形式。

五、准备决策

实训任务：风电机手动偏航控制

1. 作业任务

通过人机交互界面对风光运维检修实训区 20 kW 风力发电机组规范实施手动偏航控制。

该项目为4人小组团队操作。

2. 作业条件

作业人员精神状态良好，熟悉风电机组人机交互界面操作方法，熟悉风电机组手动偏航控制流程和技术要求，按照操作流程完成该项实训任务。

3. 作业前准备

（1）人员准备：作业人员穿工作服，佩戴安全帽、线手套，进行现场安全交底；

（2）设备准备：风光运维检修实训区 20 kW 风力发电机组；

（3）现场准备：设置安全围栏，设置标示牌。

4. 安全注意事项

（1）防止触电伤害：实训开展前做好现场安全交底工作，实训现场设置好安全围栏，做好现场监护；

（2）设备损坏危险：明确可能造成设备损坏的误操作范围，在教师的监护和指导下规范操作。

六、工作实施流程

1. 熟悉 20 kW 机组控制柜

本系统由 20 kW 风力机组、AHWCI-20K 风力机并网系统、AHNWRC-20K 景观系统（含集控系统）组成，发电和景观模式自动切换，如图 4-2-5 所示。

（1）当检测到平均风速大于 2.5 m/s 时，系统会自动停止驱动输出，并关闭驱动电源，解除景观模式后，切换为发电模式；

（2）当检测到平均风速小于 2 m/s 且瞬时风速小于 2.5 m/s 时，系统会自动解除发电模式切换为景观模式。

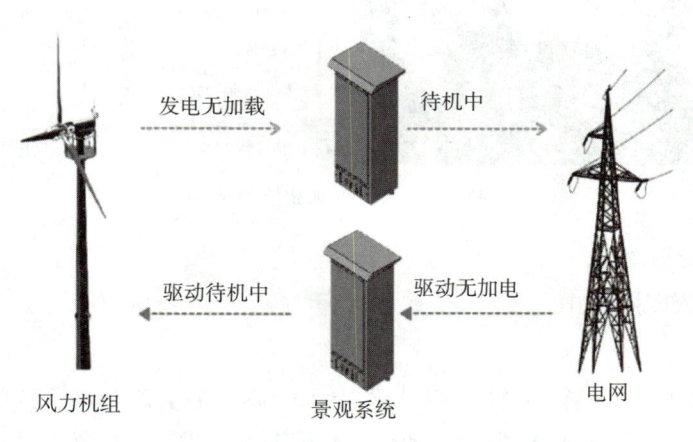

图 4-2-5　20kW 机组并网系统示意图

2. 学习人机交互界面

景观系统操作界面有"手动状态"和"自动状态"，如图 4-2-6 所示，当需要手动操作时点击"手动状态"可以实现景观模式和发电模式的手动切换。在景观系统操作界面，可观测主机转速、环境风速、主机角度、主机电流、主机电压、主机温度等参数。

图 4-2-6　20 kW 机组景观系统界面

风机并网系统中包含整流滤波电路、卸荷控压板、三相电磁制动开关、偏航驱动、主控单元、主控系统电源等。

进入风力机并网系统的调试界面，如图4-2-7所示，有风力机组远程就地操控以及就地手动操作切换，在现地手动模式下可手动启动变桨刹车，手动控制风力机组偏航运行方向。

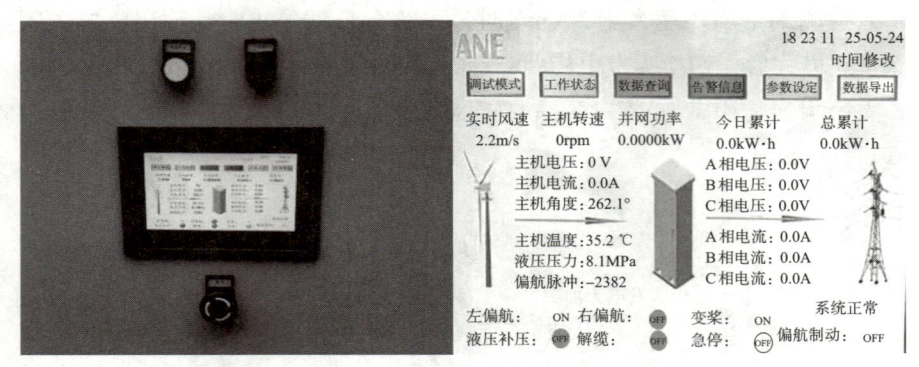

图4-2-7　20 kW人机交互界面

3. 学习控制系统

控制系统逻辑说明如下。

（1）启动。

系统主控上电后，当1分钟平均风速大于3 m/s、小于2.5 m/s，且没有其他故障的前提下，系统主控解除发电机电磁制动后变桨解刹车，进入发电准备状态。

（2）液压系统补压。

系统正常液压压力值：5.5 MPa<压力值<8.5 MPa。当液压系统压力低于5.5 MPa时，系统主控进行补压操作，当液压压力大于8.5 MPa后，打压停止。

（3）自动对风。

当风力发电主机的迎风方向和1分钟的环境平均方向误差大于30°以上，系统主控进行偏航解抱后，风力发电机进行左或右偏航。当偏航至与环境风向一致时，系统主控输出偏航止位信号，对风结束。

（4）自动解缆。

系统主控自动记录左右偏航的累积方向脉冲数量，当累积方向脉冲数量大于6000或小于-6000后，机组进行反方向解缆动作。首先进行变桨刹车，在偏航解抱后，进行右或左偏航，待累积方向脉冲在-200到200后，解缆动作结束。

（5）并网。

当机组逆变器检测到输入直流电压大于300 V后，自行进入并网状态，随着风速的增加，并网功率也随之增大。

风电机并网系统在通电步骤完成后，系统默认为停机模式。当接受到集控系统的景观模式后，系统切换为景观模式，不进行发电。当接受到集控系统的发电模式后，系统会进行启动、液压系统补压、自动对风、自动解缆等动作、机组并网逆变器会进行并网动作、控制器会进行卸荷动作。另外，机组在运行中，出现异常工况，会触发保护动作，机组安全停机。

4. 学习偏航操作流程

（1）进入景观系统主页面，点击"手动状态"，将系统操作转为手动操作模式。

（2）点击"驱动停止"按钮，使景观系统驱动装置停止运行。

（3）点击"驱动失电"按钮，使景观系统驱动装置电源失电。

（4）进入风力机并网系统的调试页面，输入用户名和密码。

（5）在调试页面下，分别点击"就地操控"和"手动操作"按钮。

（6）点击"偏航准备"按钮，将风机转为"偏航准备"状态。

（7）按照风机需要的调整方向点击"左偏运行"按钮或"左右运行"按钮调整风机方向，偏航调整过程中如需停止，则点击"左偏停止"或"右偏停止"按钮。

（8）偏航调整结束后，在调试页面下，点击"偏航停止"按钮，结束偏航调整模式。

（9）点击"自动操作"按钮，再点击"远程操控"按钮，将风机控制转为自动控制。

（10）观察风机此时应在"变桨解除"状态。

（11）进入景观系统主页面，点击"驱动上电"按钮，将系统驱动装置通电。

（12）点击"驱动启动"按钮，启动系统驱动装置，风机开始在景观模式下运行。

（13）点击"自动状态"按钮，将系统操作转为自动模式。

5. 了解操作注意事项

需要注意，风机偏航操作应在"发电解除"状态下完成。当按钮处于选定状态时，字体颜色为"红色"，反之则为"浅蓝色"或"灰色"。

6. 小组研讨和分工

7. 按照教师要求实施手动偏航操作

8. 操作结束，整理现场

七、评价反馈

1. 操作评价表

《风电机组偏航控制》评分标准见表4-2-1所列。

表 4-2-1 《风电机组偏航控制》评分标准

班级：　　　　姓名：　　　　学号：　　　　考评员：　　　　成绩：

序号	考核要点	分值	评分标准	扣分原因	得分
1			工作准备		
1.1	(1)检查现场安全围栏和标示牌是否设置好； (2)准备工作结束后向考评员示意，申请开始考试； (3)着装整洁，仪表端庄； (4)操作开始前应戴安全帽、线手套	10	(1)现场安全围栏和标示牌未设置，每项扣2分； (2)现场环境不整洁，扣1分； (3)操作开始前着装等不符合要求扣1分； (4)未佩戴安全帽、线手套各扣2分		
2			发电解除		
2.1	(1)进入景观系统主页面，点击"手动状态"，将系统操作转为手动操作模式； (2)点击"驱动停止"按钮，使景观系统驱动装置停止运行； (3)点击"驱动失电"按钮，使景观系统驱动装置电源失电	20	(1)未正确转换到手动状态，扣5分； (2)操作流程错误，每次扣2分； (3)未正确转换到驱动失电，扣5分		
3			偏航准备		
3.1	(1)进入风机并网系统的调试页面，输入用户名和密码； (2)在调试页面下，分别点击"就地操控"和"手动操作"按钮； (3)点击"偏航准备"按钮，将风机转为"偏航准备"状态	20	(1)未提前获取操作权限，扣5分； (2)未正确进行就地手动操作转换，扣5分； (3)操作流程错误，每次扣2分； (4)未设置到偏航准备，扣5分		
4			手动偏航		
4.1	(1)正确接令，并复诵； (2)按照风机需要的调整方向点击"左偏运行"按钮或"左右运行"按钮，调整风机方向，偏航调整过程中如需停止，则点击"左偏停止"或"右偏停止"按钮； (3)偏航调整结束后，在调试页面下，点击"偏航停止"按钮，结束偏航调整模式	25	(1)接令未复诵，扣5分； (2)方向调整错误，扣20分； (3)角度误差超过20%，本项不得分； (4)角度误差超过10%，扣10分，角度误差在5%～10%扣5分，有5%以内的误差酌情扣分； (5)操作流程错误，每次扣2分； (6)未正确设置偏航结束，扣5分		
5			恢复运行		

续表

序号	考核要点	分值	评分标准	扣分原因	得分
5.1	(1)点击"自动操作"按钮,再点击"远程操控"按钮,将风机控制转为自动控制; (2)进入景观系统主页面,点击"驱动上电"按钮,将系统驱动装置通电; (3)点击"驱动启动"按钮,将系统驱动装置启动,风机开始在景观模式下运行; (4)点击"自动状态"按钮,将系统操作转为自动模式	20	(1)操作流程错误,每次扣2分; (2)未正确恢复自动状态,扣5分; (3)操作过程不规范,每次扣1分		
6	完工整理现场				
6.1	整理现场,确保环境整洁卫生,所有工具定置摆放	10	环境卫生不规范扣5分,围栏、标示牌等未定置摆放每处扣2分		
备注:每项分值扣完为止,不得倒扣分					

2. 学生自评

学生自评表见表4-2-2所列。

表4-2-2 学生自评表

序号	任务	完成情况记录
1	是否按计划时间完成(20)	
2	整体任务完成情况(20)	
3	技能训练情况(40)	
4	创新情况(10)	
5	个人收获(10)	

3. 学生互评

学生互评表见表4-2-3所列。

表4-2-3 学生互评表

序号	评价内容	小组互评	签名
1	是否按计划时间完成(10)		
2	整体任务完成情况(40)		
3	语言表达能力(20)		
4	团队协作能力(20)		
5	创新点(10)		

八、拓展思考

（1）为了确保风机安全稳定运行，日常需要对风机变桨系统进行哪些方面的巡视检查和维护？

（2）为了确保风机安全稳定运行，日常需要对风机偏航系统进行哪些方面的巡视检查和维护？

数字资源1：三问三答认识风力发电技术

模块五 光伏发电技术及相关实训

任务一 太阳能光伏发电系统概述

一、学习情境

在新型电力系统中，有一种与传统电磁感应发电原理不同，不具切割磁感线特征，依靠自身电荷定向流动发电的新型发电方式，这就是太阳能光伏发电。

光伏发电主要依靠光生伏特效应产生电能。在太阳光照射光伏电池板时，将产生相应的电荷定向移动，是为直流电性质的光生电流。因此，光伏发电上网时需要通过接入逆变器，实现能量利用。根据光伏发电工作模式是否并网，可将光伏发电分为离网/孤岛型光伏发电系统和并网型光伏发电系统。

只有对光伏发电的基本原理和基本组成部分有一定的理解，才能便于我们更好地分析光伏发电装置各部件的构成情况。

二、学习目标

1. 知识目标
（1）能够准确说出光伏发电系统的组成；
（2）能够准确说出光伏发电系统的各组成部件构成。

2. 技能目标
（1）能够根据实训现场任务分区、准确说出光伏实训场每个设备的名称；
（2）能够说出每个设备的工作原理。

3. 思政目标
（1）培养"不积跬步，无以至千里"的意识：光伏发电系统各部件组成缺一不可，共同组成发电系统；
（2）培养仔细、认真的试验素质，准确认识每一个设备；
（3）培养科学严谨的态度，理解光伏发电系统每个装置的配合先后顺序和动作过程。

三、任务书

认识光伏实训场地中的设备，并阐述其中运行危险点与对应预控措施。

四、任务咨询

▶ 引导问题1： 光伏发电系统有哪些主要设备？

_____
_____
_____
_____

相关阅读1

1. 光伏组件与光伏阵列

光伏组件是光伏阵列的最小发电单元。光伏阵列由若干光伏组件通过串并联组成；在理想状况下，各光伏组件伏安外特性一致，光伏阵列的总功率等于单一光伏组件功率与组件数量的乘积。

2. 光伏逆变器

光伏逆变器是将光伏阵列产生的直流电逆变为交流电的装置。其本质由若干开关管组成，例如晶闸管、IGBT等。与传统火电同步机组发电出力稳定的特点不同，光伏阵列由于所在地太阳辐照度的动态变化，容易产生较大的电流波动，其所连接光伏逆变器需要具备一定抗浪涌电流和短时峰值过电流的能力。

3. 集电线路

光伏阵列和光伏逆变器的工作构成了能量转化和能量利用两大过程。集电线路可将不同若干光伏阵列连接，使它们共用一台光伏逆变器实现电量上网，在连接时应注意源侧所有光伏阵列总容量和逆变器容量的匹配，以及二者额定电压和额定电流的匹配等。

4. 光伏阵列局部阴影

光伏阵列局部阴影是指当光伏阵列上表面部分组件受光外表面受到积污或外力破损等影响，此时可能导致相应个别光伏组件输出功率减小，遮挡严重者相应光伏组件无光生电流产生，其输出端可近似视为开路。此时，如不迅速进行消缺，轻则产生总功率畸变，重则影响网内频率稳定性。

▶ **引导问题2：** 光伏发电系统的特点和基本要求。

_____
_____
_____
_____

相关阅读2

（一）光伏发电系统的特点

1. 发电具有间歇性和不确定性

间歇性指光伏发电系统存在日发电小时数制约，夜晚将不能进行发电；不确定性则指受到气象变化影响，例如云层移动等，造成光伏阵列所受太阳辐照度发生变化，当前时刻对下一时刻辐照度预测存在一定误差，导致光伏阵列出力变化存在不确定性。

2. 响应速度快

响应速度快指调度对相应光伏发电系统下达出力调整值后，该系统可通过功率灵活追踪实现快速响应。与同步发电机庞大的转动惯量不同，不加特殊控制，光伏具有"零转动惯量"特征，无进行转子启动后的加速过程，实现对功率指令的快速跟随。

3. 主动支撑能力弱

主动支撑泛指新能源对电网频率和电压的主动支撑能力，即在出现电网频率事件如产生有功不平衡量，或电压事件如产生无功不平衡量时，光伏由于前述发电间歇性和不确定性问题，在无备用容量的情况下难以提供可靠的主动支撑。同时，随着大量光伏取代相当容量的同步发电机组并网，系统的转动惯量亦随之下降，根据最新国标，此时不仅要求有条件的光伏发电系统具备固有的故障穿越能力，还需要有相当的有功、无功快速调节能力。

（二）对光伏发电系统的基本要求

1. 安装位置应具有充足、相对稳定的太阳能分布

光伏发电作为一种间歇性、不确定性显著的发电方式，在选址时应着重考虑所在地的年平均太阳辐照强度、平均气温、太阳能年利用小时数等。

2. 有可靠的高/低电压故障穿越能力

对于并网光伏而言,当并网点电压偏移时,如电压升高或减小,光伏必须继续可靠并网一段时间,不能瞬时脱网导致事故进一步扩大。

3. 光伏阵列内各组串应有一致性

光伏阵列内各组串额定功率和过载能力等要基本一致,使得整个阵列内部串并联组件单元工作正常,电流尽可能均等,防止出现局部过载引起过热等问题。

4. 光伏阵列表面应维持清洁

光伏阵列表面应维持清洁,避免因积污导致光伏阵列输出功率下降,避免局部组件过热而形成热斑等。

▶ **引导问题3:** 光伏发电系统的基本结构和技术参数。

_____
_____
_____
_____

相关阅读3

(一) 光伏发电系统的基本结构

1. 太阳能电池

太阳能电池是将太阳能转换为电能的一种设备,通常使用硅或镓等半导体材料制作而成,具有光敏特性。当光线照在太阳能电池上,会激发电子流动,产生电能。

2. 太阳能电池板

太阳能电池板是由若干个太阳能电池组成的板状结构,通常由多个电池串联或并联组成。在阳光下,太阳能电池板可以将太阳能转换为直流电能,输出同样的电压和电流。

3. 充电控制器

充电控制器用于控制太阳能电池板与电池之间的电荷状态,保持电池组的最佳充电状态和延长电池的寿命。如果充电器设计合理,可以快速充电和稳定地保护电池,减少电池损坏的风险。

4. 逆变器

逆变器是将太阳能电池板产生的直流电转变为交流电的装置,以供电给家庭、企事业单位以及工业设备。逆变器通常有一系列的保护设施,如过温、短路、过压、过载等。

5. 储能装置

储能装置存储电能的装置，可以使用铅酸电池、锂离子电池、纳米晶电池等。当太阳能发电系统产生的电能超过了家用电器的实际需求时，储能装置会吸收这些剩余的电能，以备晚上或天气不佳时使用。

（二）光伏发电系统的技术参数

1. 标称电压
标称电压指光伏板在标准测试条件下的电压，通常为 12 V、24 V 或 48 V。

2. 标称功率
标称功率指光伏板在标准测试条件下的输出功率，通常为 100 W、200 W 或 300 W。

3. 开路电压
开路电压指光伏板未连接负载时的电压，通常为 16～40 V。

4. 短路电流
短路电流指光伏板在短路负载时的输出电流，通常为 5～10 A。

5. 充电电流
充电电流指光伏板向电池充电时的输出电流，通常为 2～5 A。

6. 工作温度范围
工作温度范围指光伏板能够正常工作的温度范围，通常为 40～85 ℃。

7. 芯片类型
芯片类型指光伏板采用的太阳能电池芯片类型，通常有多晶硅、单晶硅和非晶硅等。

8. 载重能力
载重能力指光伏板能够承受的最大载重量，通常为 100～300 g。

▶ **引导问题 4：** 请简述光伏的分类。

_____
_____
_____
_____

相关阅读 4：光伏的分类

光伏的类型很多，一般可根据制造材料、支架安装模式、工作场景、光伏逆变器种类进行分类，见表 5-1-1 所列。

表 5-1-1　光伏分类表

序号	分类方式	类别
1	按制造材料	单晶硅光伏、多晶硅光伏、薄膜光伏、硅薄膜光伏
2	按支架安装模式	固定式、倾角可调式、自动跟踪式
3	按工作场景	并网式、离网式、分布式
4	按光伏逆变器种类	组串式、集中式、集散式

五、准备决策

参加实训现场安全认知考核，考核合格即可参加现场实训。

六、工作实施流程

统一组织学生对光伏发电系统装置的辨识考试，学生需正确辨认逆变器、光伏阵列、汇流箱等。

七、评价反馈

如果辨认全部正确，学生可继续进行下一步学习。

八、拓展思考

在现场开展实训任务，对新能源光伏发电系统设备本体的掌握尤为重要，只有正确掌握光伏发电系统本体，才能进一步掌握其他知识。

任务二　光伏电池板转换效率测试

一、学习情境

本任务主要对光伏电池板的能量转换效率进行分析，主要应侧重于实训后更好地理解光伏发电存在能量损失，并掌握光伏电池板转换率的一般水平，即应了解太阳能电池板的转换效率特性。

二、学习目标

1. 知识目标

（1）能够准确说出光伏电池板的效率的定义；
（2）能够准确说出光伏电池板效率的影响因素。

2. 技能目标

（1）能够根据实训场地中光伏电池板的效率测试需求，选择合适的测试仪器；
（2）能够根据实训场地中光伏电池板的效率测试需求，设计合理的光伏电池板转换效率测试方案。

3. 思政目标

（1）培养安全合规意识，提高对实训现场的安全警惕性；
（2）提高对开源节流的认识，提升对发电效率的感性认识；
（3）以小组开展学习讨论，探讨光伏发电效率对电力系统的影响。

三、任务书

完成对光伏电池板发电转换效率测试原理图的理解，搭接测试回路，按照正确操作步骤完成对光伏电池板的效率测试。

四、任务咨询

▶ 引导问题1：太阳能电池板的转换效率是什么？

_____
_____
_____
_____

相关阅读1

太阳能电池的转换效率指在外部回路上连接最佳负载电阻时的最大能量转换效率，等于太阳能电池的输出功率与入射到太阳能电池表面的能量之比。采用一定功率密度的太阳光照射电池，电池吸收光子以后会激发材料产生载流子，对电池性能有贡献的载流子最终要被电极收集，自然在收集的同时会伴有电流、电压特性，也就是对应一个输出功率，那么，用产生的这个功率除以入射光的功率就是转换效率。转换效率用 η 表示，如式（5-2-1）所示。

$$\eta = \frac{P_{\text{out}}}{P_{\text{in}}} = \frac{U_{\text{oc}} \times I_{\text{sc}} \times FF}{P_{\text{in}}} \tag{5-2-1}$$

▶ 引导问题2：填充因子（FF）是什么？

相关阅读2

太阳能电池的另一个重要参数是填充因子FF。FF是衡量太阳能电池输出特性的重要指标，是代表太阳能电池在带最佳负载时，能输出的最大功率的特性，其值越大则表示太阳能电池的输出功率越大。FF的值始终小于1，它是最大输出功率与开路电压和短路电流乘积之比，如式（5-2-2）所示。

$$FF = \frac{P_{\max}}{U_{\text{oc}} I_{\text{sc}}} \tag{5-2-2}$$

▶ 引导问题3：如何对测试仪器和材料进行选定？

相关阅读 3

测试设备和材料可参考表 5-2-1 进行选定。

表 5-2-1　测试设备及材料

设备及材料名称	型号与规格	数量
太阳能光伏发电系统实训平台	V-Ets-solar-IV	1
导线	红线、黑线	若干

▶引导问题 4：太阳能电池板填充因子计算公式是什么？

相关阅读 4

太阳能电池板的填充因子公式如式（5-2-3）所示。

$$F \cdot F = \frac{P_{\max}}{V_{oc} \times I_{sc}} \tag{5-2-3}$$

将实验数据代入式（5-2-3），计算出电池板的填充因子。

填充因子是表征太阳能电池板的性能优劣的重要参数。其值越大，电池的光电转换效率越高，一般的硅光电池的 FF 值在 0.75～0.8。

▶引导问题 5：串联电阻对填充因子的影响测试的步骤是什么？

相关阅读5

(1) 在实验台上按照图5-2-1连接好实验导线。

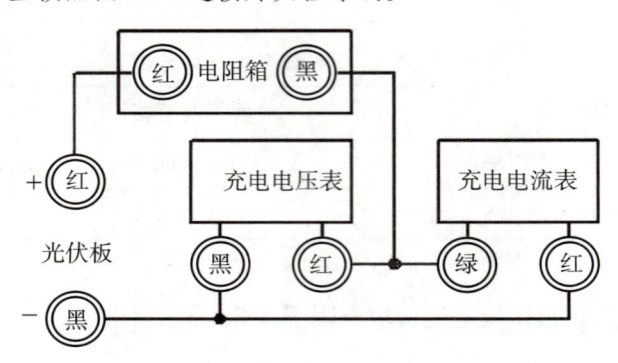

图5-2-1 串联电阻对填充因子的影响测试示意图

(2) 打开"模拟光源控制单元"中"晨日""午日""夕日"中的任意一个开关,用以模拟一天内不同的光照强度水平。

(3) 调节电阻箱的阻值,并记录下每个刻度的电压、电流值于表5-2-2中前两行。

(4) 根据表5-2-2电压、电流值计算出电池板的输出功率并填入表中,且对电阻箱值为"0"时的功率进行比较,分析串联电阻对填充因子的影响。

表5-2-2 串联电阻对填充因子的影响测试数据记录表

电阻值（Ω）	0	10	50	100	500	1000	5000	10000
电流（mA）								
电压（V）								
输出功率（mW）								

▶引导问题6: 并联电阻对填充因子的影响测试的步骤是什么?

相关阅读6

（1）在实验台上按照图5-2-2连接好实验导线。

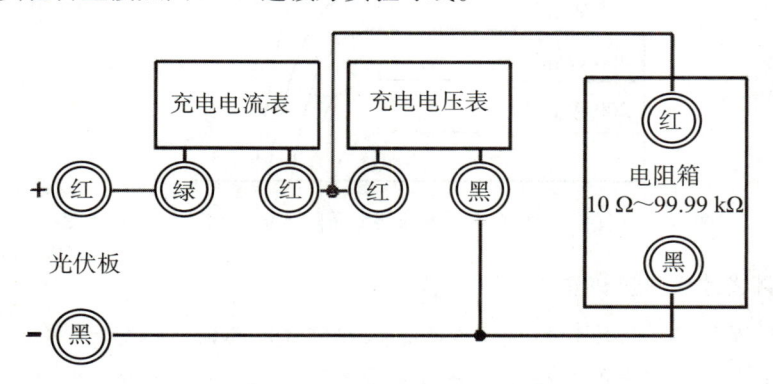

图5-2-2　并联电阻对填充因子的影响测试示意图

（2）打开"模拟光源控制单元"中"晨日""午日""夕日"中的任意一个开关。

（3）调节电阻箱的阻值，并记录下每个刻度的电压、电流值于表5-2-3中前两行。

（4）根据表5-2-3电压、电流值计算出电池板的输出功率并填入表中，且对电阻箱值为"0"时的功率进行比较，分析并联电阻对填充因子的影响。

表5-2-3　并联电阻对填充因子的影响测试数据记录表

电阻值（Ω）	0	10	50	100	500	1000	5000	10000
电流（mA）								
电压（V）								
输出功率（mW）								

（5）掌握太阳能电池板的转换效率公式如式（5-2-4）所示。

$$\eta_s(\%) = \frac{P_{max}}{P_{in}} \times 100\% \qquad (5\text{-}2\text{-}4)$$

（6）式（5-2-4）中 P_{max} 为太阳能电池板的最大输出功率，P_{in} 为入射到太阳能电池板表面的光功率。其中 P_{in} 要自备光功率计才能测得。

（7）单晶硅的转换效率最高，技术也最为成熟。在实验室里最高的转换效率为24.7%，规模生产时的转换效率在15%左右。

（8）理论分析及实验表明，在不同的光照条件下，短路电流随入射光功率线性增

长。而开路电压在入射光功率增加时只略微增加，如图5-2-3所示。

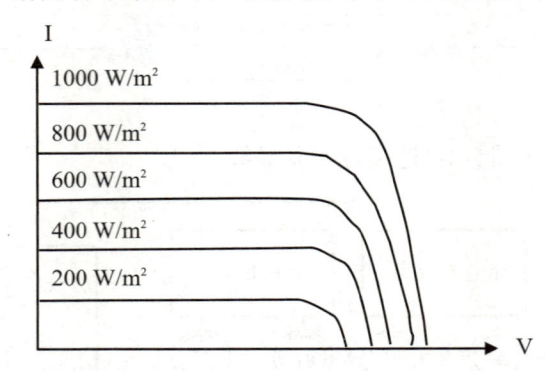

图5-2-3 不同的光照条件下开路电压随入射光功率增加曲线图

在整个测试过程中应该注意如下内容。

（1）光照方向对光电池输出影响较大，实验时应注意；

（2）电压表、电流表的量程必须分别大于太阳能电池板的开路电压和短路电流；

（3）实验结束后必须拆散电路，整理好仪器。

五、准备决策

实训任务：光伏电池板发电转换效率的测试

1. 作业任务

进行某部指定光伏电池板的效率测试。

2. 作业条件

作业人员精神状态良好，正确使用安全工器具，清楚光伏电池板效率测试内容，完成转换效率测试工作，不发生人身伤害和设备损坏事故。

3. 作业准备

（1）着装穿戴：作业人员穿工作服、工作鞋，佩戴安全帽，进行现场安全交底；

（2）工器具准备：光伏电池板转换效率测试仪、电阻箱、电压表、电流表、验电器、接地线及线夹等；

（3）工器具检查：检查工器具是否齐全、符合使用要求。

4. 安全注意事项

（1）触电；

（2）测试仪器仪表误操作损坏；

（3）摔伤、碰伤。

六、工作实施流程

以上实训任务的工作实施流程见表 5-2-4 所列。

表 5-2-4　实训任务：光伏电池板的转换效率测试

施工步骤	作业内容	标准或要求	作业危险点	控制（监护）措施	作业方法
1	测试人员正确着装	戴好安全帽、扣好袖口、盘好头发	衣服、头发被设备缠绕	检查巡检人员着装符合规程要求	目视
2	待测光伏电池板外观巡视	(1)光伏电池板表面清洁完好； (2)检查该光伏电池板所属汇流箱上网开关全关，所属逆变器交直流双侧开关均已断开； (3)检查该光伏阵列外表已可靠接地	摔伤、碰伤	站在警示标识线外	目视
3	测试准备	(1)检查光伏转换效率测试仪通电正常、各电流表电压表工作正常； (2)电阻箱合格，挡位可靠转动并正确选择； (3)验电器自检合格； (4)验明光伏电池板出口电缆处确无电压	触电 误操作 摔伤、碰伤	站在警示标识线外进行验电	目视 耳听 验电器
4	串联电阻对填充因子的影响测试	(1)按照任务书中电路图完成正确接线过程； (2)接线前后顺序正确，连接处可靠、无松动； (3)开启光伏转换效率测试仪所带模拟光源，用默认光强照射电池板； (4)旋转电阻箱挡位，测量记录不同串联电阻值下的回路电压表与电流表示数； (5)根据记录结果描绘出串联电阻-填充因子影响表	触电 误操作 摔伤、碰伤	站在警示标识线外记录各读数	目视 耳听 动手接线
5	并联电阻对填充因子的影响测试	(1)按照任务书中电路图完成正确接线过程； (2)接线前后顺序正确，连接处可靠无松动； (3)开启光伏转换效率测试仪所带模拟光源，用默认光强照射电池板； (4)旋转电阻箱挡位，测量记录不同并联电阻值下的回路电压表与电流表示数； (5)根据记录结果描绘出串联电阻填充因子影响表	触电 误操作 摔伤、碰伤	站在警示标识线外记录各读数	目视 耳听 动手接线

续表

施工步骤	作业内容	标准或要求	作业危险点	控制（监护）措施	作业方法
6	开路电压与入射光功率关系测试	(1)按照任务书中电路图完成正确接线过程； (2)接线前后顺序正确，连接处可靠无松动； (3)开启光伏转换效率测试仪所带模拟光源，用默认光强照射电池板； (4)旋转模拟光源挡位，用不同光照强度的光源垂直入射待测光伏电池板； (5)记录开路电压示数与对应光源功率大小表格，完成曲线绘制	触电 误操作 摔伤、碰伤	站在警示标识线外记录各读书	目视 耳听 动手接线
7	测试结果整理	(1)小组根据测量出的串联电阻-转换效率关系与并联电阻-转换效率关系分析两种不同模式下的光伏阵列内阻对填充因子的影响，形成书面结论； (2)小组根据测量出的光照功率-开路电压关系得出开路电压与光照功率的内在关联并分析得出书面结论	误读数与计算失误	站在警示标识线外进行计算分析	计算
8	恢复现场	(1)撤除所有接线，注意检查所有仪表； (2)完成"工完料尽场地清"	误读数 误动作 电接点结碳	查看时应小心谨慎，站在警示标识线外，注意读数	目视

七、评价反馈

1. 操作评价表

以上实训任务的评分标准见表5-2-5所列。

表5-2-5　实训任务：《光伏电池板的转换效率测试》评分标准

班级：　　　姓名：　　　学号：　　　考评员：　　　成绩：

序号	作业名称	质量标准	分值	扣分标准	扣分	得分
1	工作准备					
1.1	着装穿戴	穿工作服、工作鞋；戴安全帽	5	(1)未穿工作服、工作鞋，未戴安全帽，每缺少一项扣2分； (2)着装穿戴不规范，每处扣2分		
1.2	工器具检查	工器具齐全，符合使用要求	5	(1)未检查、试验工器具扣4分； (2)工器具选择不正确，每件扣1分		

续表

序号	作业名称	质量标准	分值	扣分标准	扣分	得分
2				工作过程		
2.1	待测光伏电池板外观巡视	外观清洁情况检查与上网各开关断开情况检查	5	(1)光伏电池板表面未清洁扣1分； (2)未检查光伏电池板所属汇流箱上网开关全关，未检查逆变器交直流双侧开关均已断开扣2分； (3)未检查光伏阵列外表已可靠接地扣2分(否决项)		
2.2	测试准备	检查各项测试仪器是否正常	15	(1)未检查光伏转换效率测试仪通电是否正常、各电流表电压表工作是否正常扣2分； (2)未检查电阻箱是否合格，挡位是否可靠转动并正确选择扣3分； (3)未验电器自检是否合格扣5分； (4)未验明光伏电池板出口电缆处确无电压扣5分		
2.3	串联电阻对填充因子的影响测试	正确完成串联电阻对填充因子测试回路接线并记录数据	20	(1)未按照任务书中电路图完成正确接线过程扣10分； (2)接线前后顺序不正确，连接处有松动扣5分； (3)未开启光伏转换效率测试仪所带模拟光源，未用默认光强照射电池板扣2分； (4)未旋转电阻箱挡位，未测量记录不同串联电阻值下的回路电压表与电流表示数；未根据记录结果描绘出串联电阻–填充因子影响表扣3分		
2.4	并联电阻对填充因子的影响测试	正确完成并联电阻对填充因子测试回路接线并记录数据	20	(1)未按照任务书中电路图完成正确接线过程扣10分； (2)接线前后顺序不正确，连接处有松动扣5分； (3)未开启光伏转换效率测试仪所带模拟光源，未用默认光强照射电池板扣2分； (4)未旋转电阻箱挡位，未测量记录不同并联电阻值下的回路电压表与电流表示数；未根据记录结果描绘出串联电阻–填充因子影响表扣3分		
2.5	开路电压与入射光功率关系测试	正确完成开路电压对入射功率影响的测试接线并记录数据	20	(1)未按照任务书中电路图完成正确接线过程扣10分； (2)接线前后顺序不正确，连接处有松动扣5分； (3)未开启光伏转换效率测试仪所带模拟光源，未用默认光强照射电池板扣2分； (4)未旋转模拟光源挡位，未用不同光照强度的光源垂直入射待测光伏电池板；未记录开路电压示数与对应光源功率大小表格，未完成曲线绘制扣3分		
3				工作结束		
3.1	测试结束后整理测试结果	对测试数据进行计算分析，得出书面结论，并提交审核	7	(1)未填写测试数据并提交审核的，扣5分； (2)测试结果分析不正确的，扣2分		

207

续表

序号	作业名称	质量标准	分值	扣分标准	扣分	得分
3.2	安全文明生产	测试完成后,做到"工完料尽场地清"	3	(1)出现不安全行为,未清理现场,每项扣1分; (2)损坏工器具每件扣2分		
	合计		100			

2. 学生自评

学生自评表见表5-2-6所列。

表5-2-6　学生自评表

序号	任务	完成情况记录
1	是否按计划时间完成（20）	
2	整体任务完成情况（20）	
3	技能训练情况（40）	
4	创新情况（10）	
5	个人收获（10）	

3. 学生互评

学生互评表见表5-2-7所列。

表5-2-7　学生互评表

序号	评价内容	小组互评	签名
1	是否按计划时间完成（10）		
2	整体任务完成情况（40）		
3	语言表达能力（20）		
4	团队协作能力（20）		
5	创新点（10）		

八、拓展思考

（1）如何计算太阳能电池板光电转换效率?

（2）如何提高太阳能电池板转换效率?

数字资源2：庖丁解牛细知光伏发电原理

模块六 微电网技术认知

任务一 微电网分类与基础架构认知

一、学习情境

在传统电力系统理论中，大发电、大机组一直被认为是综合效率最优的选择。以大电网为基础的集中式单一供电系统，长期以来一直是电力系统的基础架构。然而，随着社会的快速发展，能源消耗与环境污染问题日益严重。因此，开发高效、低碳、经济的清洁能源已经成为世界各国经济和社会可持续发展的重要战略。在此背景下，风电、光伏等分布式发电技术凭借其经济性、灵活性以及环境兼容性等优点成为发展热点。

尽管分布式发电技术具有明显的优势，但其本身也存在诸多问题。例如，分布式发电的能量密度较低，单机接入成本较高，发电控制困难等。尤其当这些分布式电源接入电网后，所引起的电能质量问题使得其推广与应用受到限制。为了协调大电网和分布式电源之间的矛盾，同时兼顾系统节能环保与安全运行的要求，充分挖掘分布式发电在经济、能源和环境等方面为电网和用户带来的价值，学者们提出了以分布式发电设备为基础的微电网。

在当今能源转型和可持续发展的大背景下，微电网能够整合不同类型的分布式发电资源，通过先进的控制技术和信息通信技术实现对电能的有效管理。作为新型的能源供应模式，对于优化能源结构、提高能源利用效率、促进可再生能源的利用具有重要意义。了解微电网的分类和基础架构是深入学习微电网技术的基础。

二、学习目标

1. 知识目标

（1）理解微电网的概念及其在新型电力系统中的作用；
（2）掌握微电网的分类，包括直流微电网、交流微电网和交直流混合微电网；
（3）了解不同类型微电网的特点和应用场景。

2. 技能目标

（1）能够辨识和描述各类微电网的基本架构和组成元素；

（2）能够分析不同微电网架构的优缺点。

3. 思政目标

培养环保意识和社会责任感，认识微电网在推动能源转型中的重要性。

三、任务书

要求学生通过学习微电网的分类与基础架构，能够对微电网的组成、工作原理及其在实际中的应用有一个全面的认识，并能够针对不同类型的微电网进行比较分析。

四、任务咨询

▶ **引导问题1：** 对微电网的基本认识。

1. 微电网在各国的定义中有哪些不同？它与传统电网有何不同？

_____
_____
_____
_____

2. 请列举不同的典型微电网示范工程，并简述它们的主要特点。

_____
_____
_____
_____

相关阅读1

现有研究和实践表明，将分布式发电系统与负荷等一起组合为微电网形式运行，是发挥分布式电源效能的有效方式，可以有效提高分布式电源的利用效率，有助于电网故障时向重要负荷持续供电，避免间歇式电源对周围用户电能质量的直接影响，具有重要的经济意义和社会价值。由于地理环境、电网结构和用户需求的差异，微电网的网络拓扑、电源配置、调控能力及调度潜力都各有不同。如何协调微电网内各类分布式电源之间的运行，如何提高微电网的统筹调度能力，如何提高终端用户的供电质量及突发事件下的持续供电能力，如何提高微电网的经济效益和节能减排效益等多方面问题，已然是阻碍微电网推广应用与优化发展的一座大山。为切实发挥出微电网的潜能，世界各国纷纷开展了微电网的研究，立足于各国电力系统的实际问题与可持续发展能源目标，提出了各自的微电网概念和发展目标。作为一个新颖的技术领域，微电网在各国的发展呈现不同特色。

（一）微电网概述

美国学者拉塞特最早于 2001 年提出了微电网的概念，将微电网定义为将分布式发电、负荷、储能设备及控制系统进行整合，从而形成单一可控的电力系统。作为电力系统的微型应用单元，微电网既可以并网运行，也可以在主网发生故障或其他情况下与主网断开而孤岛运行。对于电网公司，微电网可以被控制为一个简单的可调度的负荷，这些负荷可以在数秒内作出响应以满足传输系统的需要；对于用户，微电网可以作为可定制的电源，满足用户多样化的需求，例如增强局部可靠性、降低馈电损耗、支持当地电压、提供电压下限的校正等。微电网实现了"即插即用"与"对等控制"的交互方式，其灵活的可调度性、可适时向大电网提供有力支撑、对用户高可靠性的供电保障等都成为其关键的技术优势。

在美国，电力可靠性解决方案协会（CERTS）提出了描述微电网基本结构，构建了图 6-1-1 所示的示例网络。该微电网的主要特点是所有分布式电源容量均较小且均具有

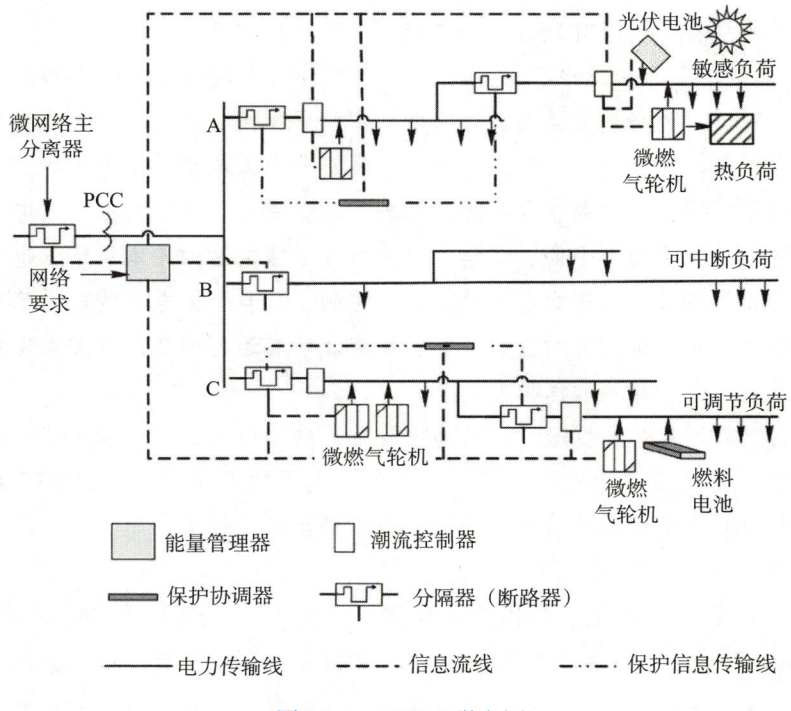

图 6-1-1　CERTS 微电网

电力电子接口，可基于电力电子技术实现控制，其网架结构整体呈辐射状，包括3条馈线A、B和C及1条负荷母线。馈线通过主分隔装置（智能静态开关设备）与配电系统相连，用于控制电网和微电网连接和断开，可实现孤岛运行及并网运行模式的平滑切换。对于每一个分布式电源均使用数字式智能继电保护隔离故障保护区域，各个保护设备之间有专用的数字通信线路连接。安装在每个微电网出口处的功率和电压控制器可在能量管理系统或本地控制下调整各自的输配及馈线潮流控制。外部配电网故障时，微电网解列，并通过隔离装置甩去一些可中断负荷，保证重要负荷或敏感负荷的正常运行；故障消失后，微电网重新并网运行。

CERTS微电网具有如下主要特点。

（1）微电网与主网之间只有1个公共连接点/公共耦合点（Point of Common Coupling，PCC），微电网不向主网输出电力，对于主网来说也是一个普通负荷，减轻主网的管理负担。

（2）分布式电源通过电力电子接口接入，采用恒功率控制、下垂控制以及电压频率控制策略，主要对当地的频率和电压变化做出反应及采取相应控制。

（3）对负荷重要性进行划分，分为可中断负荷、可调节负荷和敏感负荷。当主网侧发生较严重的电压闪变及跌落时，可通过静态开关将可调节负荷和敏感负荷隔离起来，孤岛运行，保证局部供电的可靠性，等系统恢复后再重新与主网相连运行。

（4）提供"即插即用"接口，对分布式电源的接入无须特殊工程要求。

（5）通过能量管理系统对分布式电源进行经济调度和管理。

图6-1-1中展示了光伏发电、微燃气轮机和燃料电池等分布式电源形式，其中一些接在热力用户附近，为当地提供热源。微电网中配置有能量管理器和潮流控制器，前者实现对整个微电网的综合分析控制，而后者实现对分布式电源的就地控制。当负荷变化时，潮流控制器根据本地的频率和电压信息进行潮流调节，当地的分布式电源就增加或减少其功率输出以保持功率平衡。该结构初步体现了微电网的基本特征，也揭示出微电网中的关键单元：①每个分布式电源的接口、控制；②整个微电网的能量管理器，解决电压控制、潮流控制、解列时的负荷分配、稳定及所有运行问题；③继电保护，包括各个分布式电源及整个微电网的保护控制。

从电网的发展现代化角度来看，提高重要负荷的供电可靠性、满足用户定制的多种电能质量需求、降低成本、实现智能化，将是微电网的发展重点。CERTS微电网中的电能变换设备与众多新能源的使用与控制，为可再生能源潜能的充分发挥及稳定、控制等问题的解决提供了新的思路。

从电力市场需求、电能安全供给及环保等角度出发，欧洲于2005年提出"Smart Power Networks"计划，并在2006年出台该计划的技术实现方案。该方案提出了要充分利用分布式能源、智能技术、先进电力电子技术等实现集中供电与分布式发电的高效紧密结合，并积极鼓励社会各界广泛参与电力市场，共同推进电网发展。截至目前，欧洲已初步形成了微电网的运行、控制、保护、安全及通信等理论，并在实验室微电网平台上对这些理论进行了验证。其后续任务将集中研究更加先进的控制策略、制定相应的标准、建立示范工程等，为分布式发电大规模接入以及传统电网向智能电网的初步过渡做积极准备。图6-1-2所示为欧盟提出的微电网模型，主要由ABB公司、德国FraunhoferI-WES公司、德国SMA公司、西班牙ZIV公司、英国曼彻斯特大学、荷兰EMforce公司、希腊NTUA公司等提出。

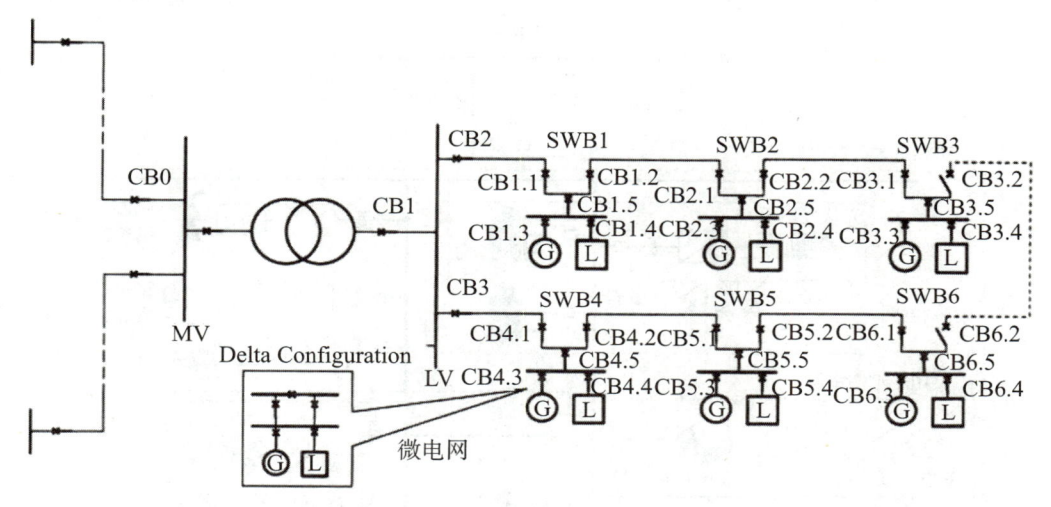

CB——断路器；SWB——开关板；G——微电源；L——负荷；MV——中压；LV——低压

图6-1-2 欧盟微电网

欧盟提出的微电网模型结构更加全面和完善，分布式电源类型不全是带有电力电子接口，所有保护设备均采用数字式智能型设备，设备之间的通信方式采用CAN总线。其有集中监控和分散监控两种监控方式。集中监控方式，由中心监控单元负责与各个开关设备通信、命令下传、开关动作区间的动态设置等。该方式优点是实现容易，投资成本低；缺点是所有保护开关动作全部依赖中心控制单元，一旦中心控制单元发生故障，会造成整个保护系统瘫痪。分散监控方式，实际上是由多个中心监控单元组成，分别完成不同的监控功能，当某一个中心监控单元发生故障时，其他监控单元会自动接管其监控任务，避免了系统发生瘫痪。其优点是可靠性高，缺点是投资成本相对较高。

在国内，很多高校、科研院所、大型企业都在长期进行微电网的试验研究及示范工程的建设工作。清华大学建设了包含可再生能源发电、储能设备和负荷的微电网试验平台。同时还与许继集团有限公司合作共同搭建微电网仿真平台，建立各种分布式电源本身及并网运行的稳态和动态的数学模型，搭建包含分布式发电、其他供能系统的双向潮流微电网仿真环境。天津大学承担了国家重点基础研究发展计划（"973"计划）项目

——分布式发电供能系统相关基础研究。华中科技大学、西安交通大学等多家合作单位参与了微电网的各方面课题,包括高渗透率下微电网与大电网相互作用机理研究;分布式储能对微电网安全稳定运行的作用机理研究;含微电网新型配电系统的优化规划微电网及含微电网配电系统的保护原理与技术;微电网并网控制及微电网中多分布式电源协调控制;微电网及含微电网配电系统的电能质量分析与控制;分布式发电供能微电网系统综合仿真;微电网经济运行理论与能量优化管理方法等。国内典型微电网结构图如图6-1-3所示。

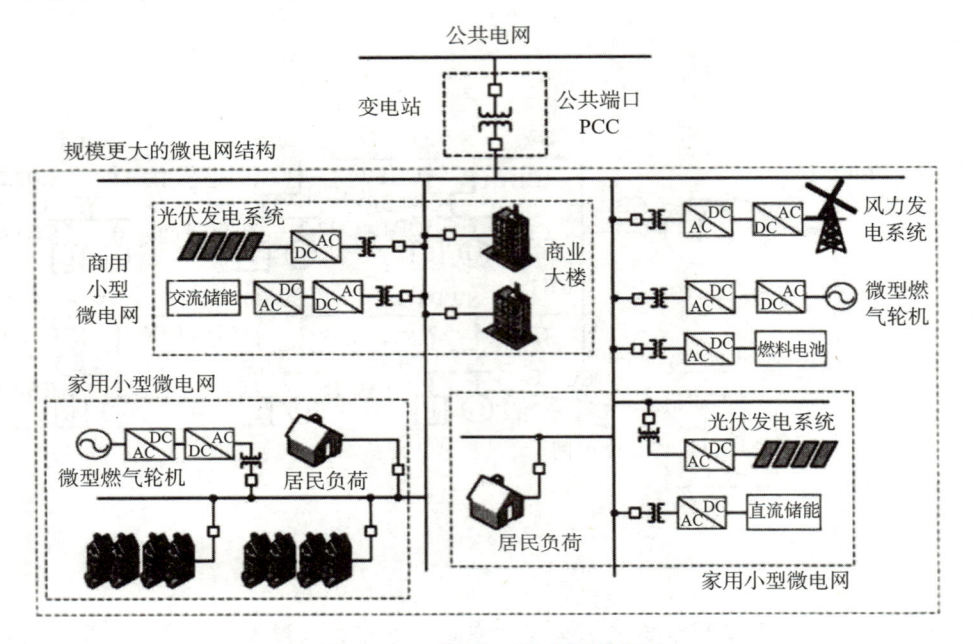

图6-1-3 国内典型微电网结构图

日本由于国内能源日益紧缺、负荷日益增长,也展开了微电网研究,但其发展目标主要定位于能源供给多样化、减少污染、满足用户的个性化电力需求。此外,日本学者提出了灵活可靠性和智能能量供给系统(Flexible Reliability and Intelligent Electrical Energy Delivery System,FRIENDS),利用 FACTS(Flexible AC Transmission Systems)元件快速灵活地控制性能,实现对配电网能源结构的优化,并满足用户的多种电能质量需求。日本专门成立了新能源与工业技术发展组织(NEDO),统一协调国内高校、企业与国家重点实验室对新能源及其应用的研究。目前,日本在微电网示范工程的建设方面处于世界领先地位,已分别在 Hachinohe、Aichi、Kyoto 和 Sendai 等地建立了微电网示范工程。在 Hachinohe 的微电网展示项目中,目标主要集中在研究间歇的可再生能源发电对微电网控制的影响,分布式电源包括:PV、小型风力机和生物质能发电。Aichi 的微电网展示项目,主要研究分布式电源输出功率对负荷功率变化的跟踪能力,分布式电源包括各种不同的燃料电池。Kyoto 的微电网展示项目中的分布式电源既包括各种可再生能源发电，也包括各种燃料电池，目标是研究建立在通信基础上的能源管理系统。而 Sendai 的微电网展示项目则包括不同类型的分布式电源和不同类型的负荷（直流负荷和交流负荷），并且采用了一些保证负荷侧供电质量的装置。日本典型的微电网结构如图 6-1-4 所示。

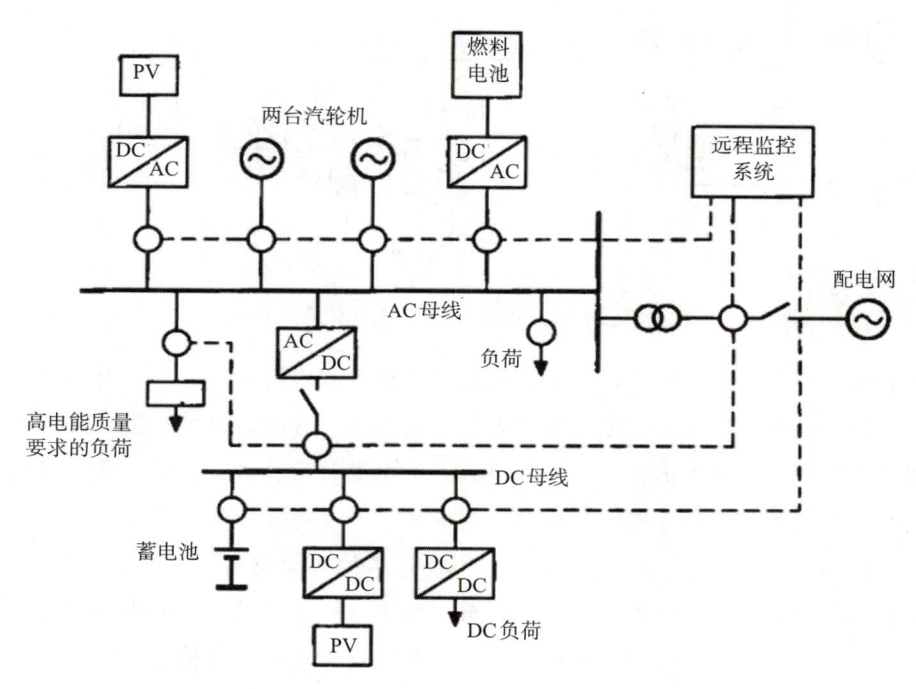

图 6-1-4　日本典型微电网结构

日本微电网的架构允许燃气轮机等旋转发电设备直接接入到微电网同步运行。目前，日本的微电网研究集中在负荷跟踪能力、电能质量监控、电力供需平衡、经济调度以及孤岛稳定运行等方面。日本的微电网采用主从控制结构，通过顶层能量管理系统统一对网内的分布式电源进行管理和调度，保证微电网的暂态功率平衡，抑制对主网的影响。另外，日本的微电网没有追求"即插即用"的功能，而是强调分布式电源类型的多样化。

图 6-1-5 所示的微电网架构为欧洲某示范项目，其包含了风力发电、光伏发电、微燃气轮机、储能等微电网的典型设备，部分微电网还可接在热力用户附近，为当地提供热源。微电网中配置有能量管理器和潮流控制器，前者实现对整个微电网的综合分析控制，而后者实现对分布式电源的就地控制。当负荷变化时，潮流控制器根据本地的频率和电压信息进行潮流调节，当地的分布式电源就增加或减少其功率输出以保持功率平衡。

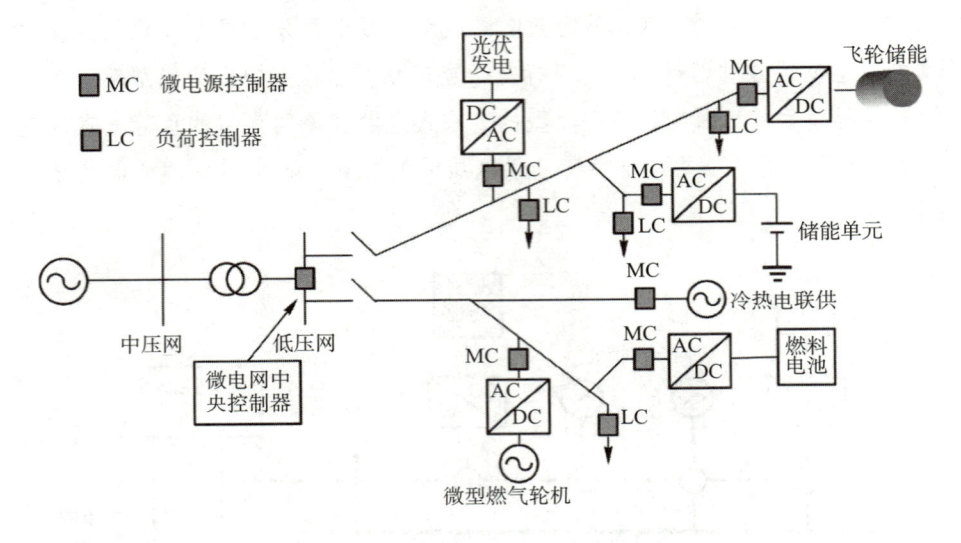

图 6-1-5　欧洲典型微电网架构

基于先进的信息技术和通信技术，微电网实现了"即插即用"与"对等控制"的交互方式，其灵活的可调度性、可适时向大电网提供有力支撑、对用户高可靠性的供电保障等都成为其关键的技术优势。未来电力系统将向更灵活、清洁、安全及经济的"智能电网"的方向发展，以涵盖发电、输电、配电和用电各环节的电力系统为基础架构，将微电网有机结合，实现从发电到用电所有环节信息的智能交互，系统地优化电力生产、输送和使用。基于微电网的主动式配电网单元接入方式，将进一步促进分布式发电的大规模接入，更有利于传统电网向智能电网的过渡，更加有效地连接发电侧和用户侧，使双方都能实时地参与电力系统的调度运行，最终实现能源的清洁和高效利用。

▶引导问题2：　对交流/直流微电网的基本认识。

1. 直流微电网和交流微电网在架构上有何区别？

2. 在设计微电网时，如何考虑并选择适合的微电网类型？

3. 微电网的基础架构通常包括哪些关键组件？它们各自具有哪些功能？

_____
_____
_____
_____

（二）直流微电网

直流微电网的一般由分布式电源、储能装置、负荷等均连接至直流母线，直流网络再通过DA/AC逆变装置连接至外部交流母线，其典型直流微电网结构如图6-1-6所示。直流微电网通过电能变换装置可以向不同电压等级的交流、直流负荷提供电能，分布式电源和负荷的波动可由储能装置在直流侧调节。

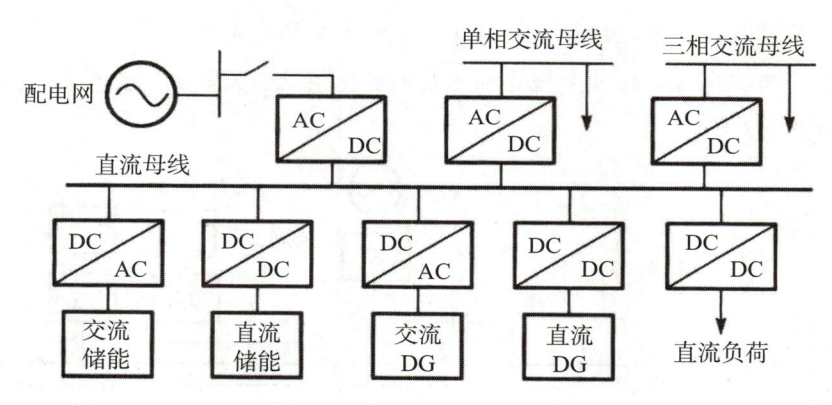

图6-1-6　典型直流微电网结构

考虑到分布式电源的特点以及用户对电能质量的需求，两个或多个直流微电网也可以形成双回或多回路供电方式，其典型直流微电网结构如图6-1-7所示。直流馈线1上接有间歇性特征比较明显的风电、光伏等分布式电源，用于向普通负荷供电；直流馈线2连接运行特性比较平稳的分布式电源以及储能装置，向要求比较高的负荷供电。相较于交流微电网，直流微电网由于各分布式电源与直流母线之间仅存在一层电能变换装置，可有效降低系统的投资成本，同时也无须考虑各分布式电源之间的同步问题，在不同分布式电源间的能更有效地防止环流及震荡等问题。但由于该架构包含了较多的电能变换设备，其运行控制与继电保护也更难实现。

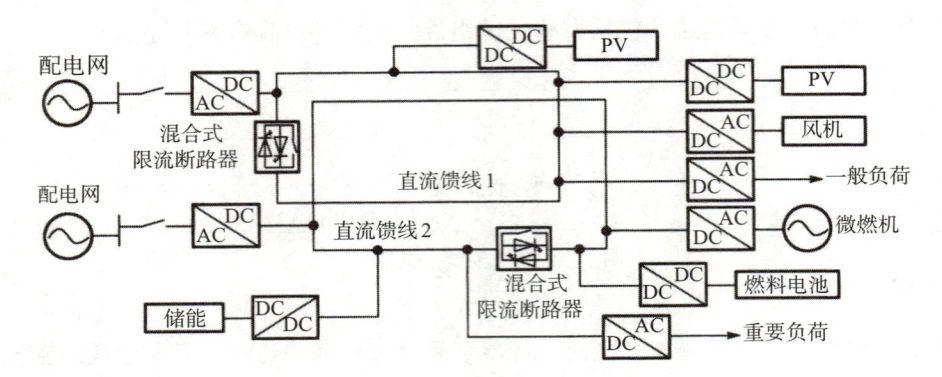

图 6-1-7　典型直流微电网结构

（三）交流微电网

除了以直流母线为核心的微电网架构，交流微电网也是微电网的常见形式。在交流微电网中，分布式电源、储能装置等均通过电能变换设备汇集至交流母线，典型交流微电网结构如图 6-1-8 所示。

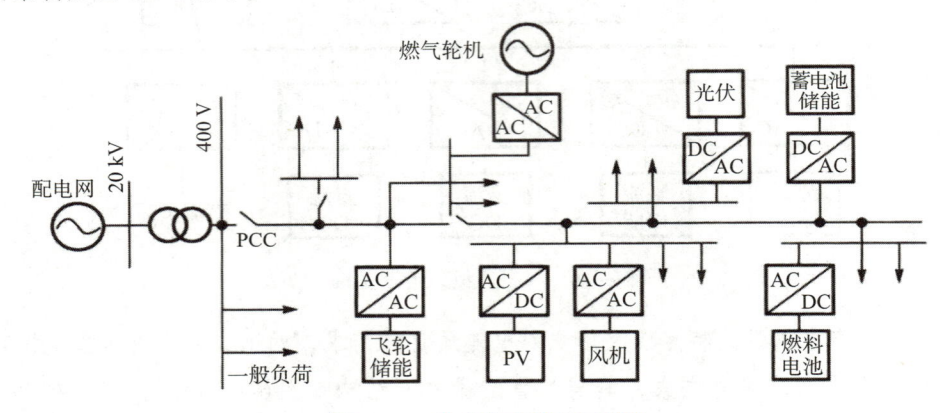

图 6-1-8　典型交流微电网结构

相比于直流微电网，交流微电网与传统配电网络具有相同的频率和相位要求，通过直接使用现有的交流输电和配电设施能够更好地与现有的交流电力系统集成；在处理交流电的相位和频率同步问题上，技术也更成熟可靠；可以有效地进行无功功率补偿，提高电能质量。

（四）交直流混合微电网

交直流混合微电网结构如图 6-1-9 所示，其既含有交流母线又含有直流母线，既可以直接向交流负荷供电又可以直接向直流负荷供电，因此称为交直流混合微电网，但从整体结构来说其仍可看作交流微电网，其直流母线仅是通过逆变器并入至交流母线。

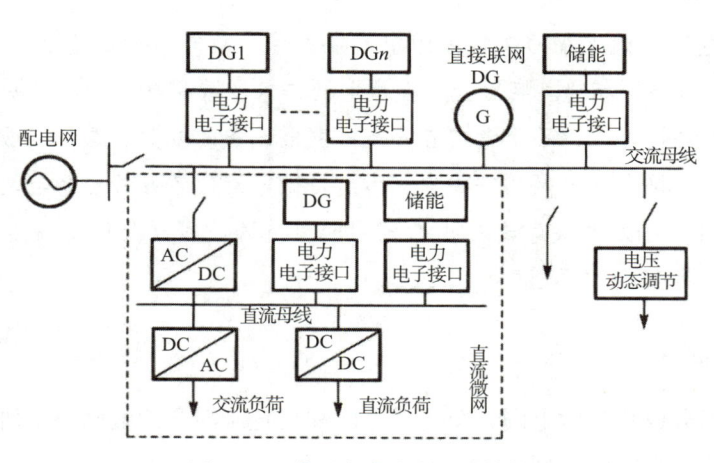

图 6-1-9　典型交直流微电网结构

交直流混合微电网系统中分布式电源类型多，且电源接入系统的形式多样，其运行和控制也相对更复杂。德国给出了结构较复杂的 DeMotec 微电网系统，通过两个容量为 175 kVA 和 400 kVA 的变压器与外部电网相连，系统中的 80 kVA 和 15 kVA 的电源用于模拟与之相连的其他微电网，以光伏、风机、柴油机、微型燃气轮机等多个设备作为分布式电源，采用蓄电池作为储能装置。

在图 6-1-10 所示 DeMotec 交直流微电网中，可按照电气特性的不同将分布式电源和储能装置组成了两种类型：①三相光伏-蓄电池-柴油机微电网；②单相光伏蓄电池带负荷微电网。此外，还有单相光伏-蓄电池系统。该微电网存在一个上层控制器，与底层的各分布式电源、储能装置和负荷之间通过总线通信，以实现系统有效的控制和管理。在复杂结构微电网中含有多种不同电气特性的分布式电源，具有结构上的灵活多样性。但对控制提出了相对较高的要求，需要保证微电网在不同运行模式下安全、稳定地运行。

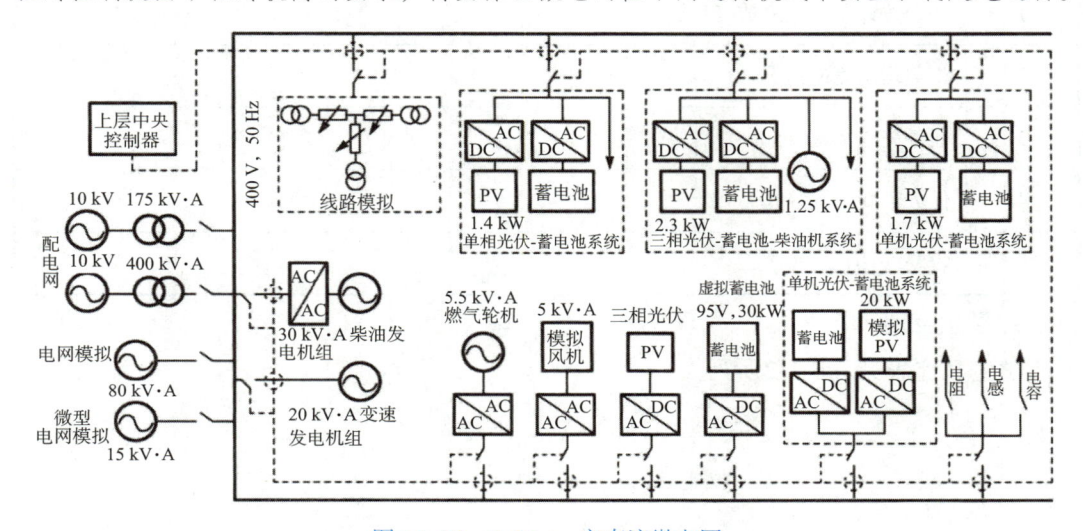

图 6-1-10　DeMotec 交直流微电网

从众多微电网示范工程的架构简图中不难发现,微电网都是通过公共连接点/公共耦合点(PCC)与电网相连。实际上,在微电网并入区域配电网时,仅要求PCC处各项技术指标需满足并网标准,不用考虑各分布式发电设备的电能质量,一般选择为配电变压器的原边侧或主网与微电网的分离点。为满足微电网内各设备检修与运维的最小电气距离要求,IEEE与IEC相关学者指出微电网的负荷端馈线以及PCC微电网侧母线通常将额定电压选取为1000 V及以下。

五、准备决策

将学习小组分成直流微电网、交流微电网和交直流混合微电网三个研究小组,每个小组负责研究一种微电网类型。

小组内讨论本任务中的引导问题,初步形成对微电网分类与基础架构的认识。

六、工作实施流程

组织开展小组研讨和交流,分组回答引导问题,形成对微电网类型和架构的深入理解。

七、评价反馈

1. 学生自评

学生自评表见表6-1-1所列。

表6-1-1 学生自评表

序号	任务	完成情况记录
1	是否按计划时间完成(15)	
2	相关理论完成情况(15)	
3	任务完成情况(50)	
4	任务创新情况(10)	
5	收获(10)	

2. 学生互评

学生互评表见表6-1-2所列。

表 6-1-2　学生互评表

序号	评价内容	小组互评	签名
1	是否按计划时间完成（15）		
2	完成上交情况（20）		
3	完成质量（25）		
4	语言表达能力（15）		
5	小组合作面貌（15）		
6	创新点（10）		

3. 综合评价要点

（1）任务完成度：评价学生对微电网分类与基础架构认知任务的完成情况，包括对引导问题的全面回答和要素的完整性（40%）。

（2）分析与表达能力：评价学生能否用自己的语言清晰、流畅地阐述对微电网类型和架构的分析，以及表达的逻辑性和条理性（40%）。

（3）创新与应用能力：评价学生的回答中是否展现出创新思维，以及能否将所学知识与新技术、新标准、新设备等相结合，体现对微电网技术的深入理解和应用潜力（20%）。

八、拓展思考

在掌握了微电网的分类和基础架构后，进一步探讨微电网的控制方式。思考如何通过有效的控制策略，确保微电网在各种运行模式下的稳定性和效率。

任务二　微电网控制方式认知

一、学习情境

微电网作为一种具有弹性的能源供应系统,其控制策略对于确保系统的稳定和高效运行至关重要。微电网的控制不仅需要实时调节电力电子设备,还需要对整个系统的运行状态进行监控和管理。在微电网控制中,常见的控制策略包括主从控制、对等控制和分层控制,每种策略都有其适用的场景,以及独特的优势和挑战。此外,逆变器作为微电网中的关键设备,其控制方法,如P/Q控制、U/f控制和Droop控制,对于实现微电网内部能量的优化分配和与外部电网的灵活互动起着至关重要的作用。通过学习这些控制方法,我们可以设计出更高效、更可靠的微电网系统,以适应不断变化的电力需求和供应条件。

二、学习目标

1. 知识目标
(1) 理解微电网控制的重要性及其在系统运行中的作用;
(2) 掌握微电网控制的基本策略,包括主从控制、对等控制和分层控制。

2. 技能目标
(1) 能够分析不同控制策略的应用场景和实现方法;
(2) 能够根据微电网的运行状态选择合适的控制策略。

3. 思政目标
强化责任感和使命感,认识微电网在推动能源转型中的重要作用。

三、任务书

通过本任务的学习,深入理解微电网的控制方式,并能够针对不同的运行条件和目标,设计合理的控制策略。

四、任务咨询

▶ **引导问题1:** 对微电网控制策略的基本认识。

1. 微电网控制的目的是什么?

2. 微电网控制策略对微电网的运行有哪些影响?

相关阅读 1

(一) 微电网的控制

　　为实现微电网灵活的运行方式以及保障高质量的电能质量,高效稳定的控制系统是必不可少的。微电网中的分布式电源数目太多,很难要求单一的中央控制系统对整个网络的扰动做出快速响应与自动控制,一旦系统中某些控制或量测元件发生故障,就可能导致整个系统受影响。为解决上述问题,必须对微电网的自动控制做出规定,要求微电网基于本地信息对于电压跌落、故障、停电等电网中的各类事件做出自主反应,需要发电机应当利用本地信息自主切换独立运行方式,而不是像传统方式中由电网调度统一协调。但是微电网技术的应用时间不长、尚未形成成熟有效的控方法。目前主流的微电网控制方案多是基于传统电力系统的控制方法而改进的,主要包括主从控制模式、对等控制模式和分层控制模式;控制的主要目标及设计宗旨为:①任意电源的接入不对系统造成影响;②平滑实现与电网的解并列;③有功、无功的独立控制;④具有校正电压跌落和系统不平衡的能力。各类控制方法虽然略有差异,但其核心要素均是关于将微电网的分布式电源控制、电源与电能变换接口控制和微电网及多微电网上层管理系统的协调控制。

　　传统的同步电机发电系统如图 6-2-1 所示,其原动机与同步发电机同轴连接,通过线路连接到大电网,其稳态运行的数学模型为转子运动方程。当发电机输出电功率大于原动机输入的机械功率时,发电机旋转速度下降,旋转动能转化为电能以满足能量平衡。当发电机调速器检测到发电机转速下降后,将自动增加原动机功率输入,使发电机速度恢复到额定值。发电机输出电压电流的角频率由发电机的旋转速度决定,而发电机的旋转速度通过发电机的调速器进行控制,发电机输出电压的幅值由励磁系统的控制来完成。

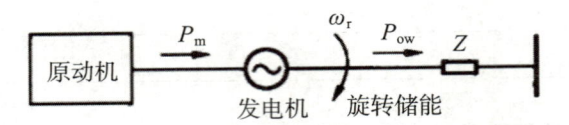

图 6-2-1 传统同步电机发电系统

图6-2-2为逆变器接口分布式电源发电系统，图6-2-2（a）是通过AC/DC/AC（背靠背）逆变器接口的交流分布式电源发电系统，图6-2-2（b）是通过逆变器接口的直流分布式电源发电系统。逆变器前的电容通称稳压电容，可在每个周期的放电阶段提供电能支持，维持暂态能量平衡；该电容的作用相当于同步发电机转轴提供的旋转备用，但其能提供的能量存储要少得多。采用逆变器接口的分布式电源输出的频率由接口逆变器的控制策略决定，输出电压幅值由其直流侧电容电压幅值和接口逆变器的控制策略共同决定。分布式电源输出电压、电流的频率变化和分布式电源原动机不存在直接关联，而是取决于接口逆变器的控制策略。例如对于接口逆变器采用调制比为常数的开环系统，当负荷功率增加时，逆变器的输出功率增加，此时电容器应输出更多的能量。如果原动机的输入功率没有及时跟随负荷功率的变化，逆变器输出的电压幅值将会下降，以维持系统频率不变。不同于发电机直接并网，分布式发电设备经逆变器并网的时候其电力电子接口输出电压和电流的频率由接口逆变器的控制策略决定，且由于其稳压电容的储能远少于传统设备转动惯量的储能，所以微电网中通常配备储能装置以提供备用出力与频率支撑作用，合理控制策略的选择对于逆变器接口分布式电源的稳定运行至关重要。

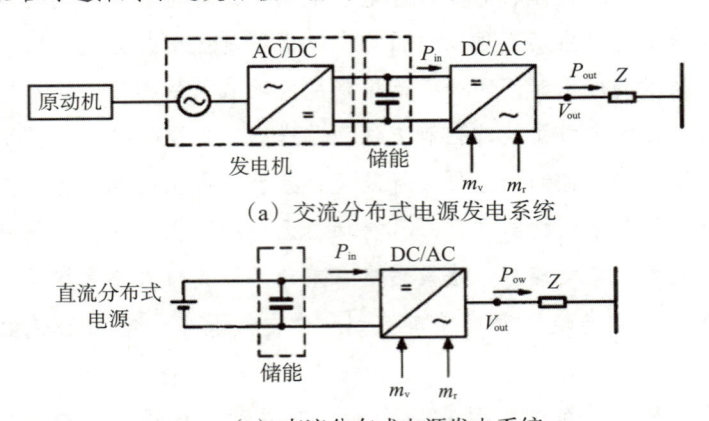

（a）交流分布式电源发电系统

（b）直流分布式电源发电系统

图 6-2-2 逆变器接口分布式电源发电系统

（二）微电网的功率特性

和传统电网一样，微电网也需要自身的输配电系统。由于微电网的电源相对电网范围来说距离较短，整个系统中输配电网络的电压等级以低压为主，仅有少部分中压网络。微电网的低压传输线和中压及普通高压输电线路参数特点不同，见表6-2-1所列。

表6-2-1 输电线路典型参数

典型线路	R（Ω/km）	X（Ω/km）
220 V低压LJ-16型线路	0.642	0.083
35 kV中压LJ-120型线路	0.161	0.190
110 kV高压LGJ-400/50型线路	0.060	0.191

由于微电网中分布式电源多采用电能变换设备并入微电网，且与负载相距很近，不需要远距离传输。因此传统电力系统的潮流分析方法在应用于微电网之前，需要一定修正。微电网潮流与电压降方向如图6-2-3所示。

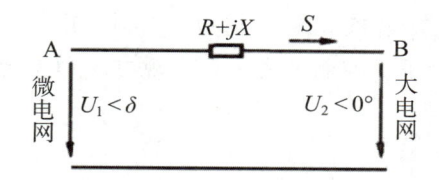

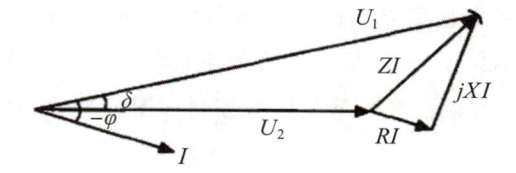

(a) 微电网到大电网的功率传输示意图　　(b) 相位关系图

图6-2-3 微电网潮流与电压降方向

从图6-2-3可以得出，微电网输出复功率的表达式为

$$S = P + jQ = U_2 I^* = U_2 \left(\frac{U_1 \angle \delta - U_2}{R + jX} \right)^* \quad (6\text{-}2\text{-}1)$$

从表6-2-1可以看出，对于中高压传输线（X>>R），其中电阻R可以忽略不计。若功率角 δ 很小，则 $\sin\delta \approx 0$，$\cos\delta \approx 1$。式（6-2-1）可以写为

$$S \approx U_2 \left[\frac{(U_1 - U_2) - jU_1\delta}{-jX} \right] = \frac{U_1 U_2 \delta}{X} + j\frac{U_2(U_1 - U_2)}{X} \quad (6\text{-}2\text{-}2)$$

将实部与虚部分开，得

$$P \approx \frac{U_1 U_2}{X} \delta \quad (6\text{-}2\text{-}3)$$

$$Q \approx \frac{U_2(U_1 - U_2)}{X} = \frac{U_2}{X} \Delta U \quad (6\text{-}2\text{-}4)$$

从式（6-2-3）、式（6-2-4）可以看出，在感性线路（X>>R）和功率角很小的前提下，有功功率P主要取决于功率角 δ 及频率 f，而无功功率主要取决于电压降 $U_1 - U_2$。

对于以低压为主的微电网，系统呈现阻性（R>>X）。因此，上面基于频率—电压的公式在这里不再适用，需要进行修正。仍然设 δ 很小，则 $\sin\delta \approx 0$，$\cos\delta \approx 1$。式（6-2-1）可以写为

$$S \approx U_2 \left[\frac{(U_1 - U_2) - jU_1\delta}{R} \right] = \frac{U_2(U_1 - U_2)}{R} - j\frac{U_1 U_2 \delta}{R} \quad (6\text{-}2\text{-}5)$$

将实部与虚部分开，可得

$$P \approx \frac{U_2(U_1 - U_2)}{R} = \frac{U_2}{R}\Delta U \qquad (6\text{-}2\text{-}6)$$

$$Q \approx -\frac{U_1 U_2}{R}\delta \qquad (6\text{-}2\text{-}7)$$

从式（6-2-6）、式（6-2-7）可以看出，在阻性线路（$R \gg X$）和功率角 d 很小的前提下，有功功率 P 主要取决于电压降 U_1-U_2，而无功功率主要取决于功率角 d 及频率 f。因此基于高压线路的频率下垂控制策略在基于低压线路的微电网中不再适用。

根据线路参数特性，低压、高压的功率传输表达式有所不同，从而下垂控制的表达式也有所不同。当线路阻抗中电抗远远大于电阻时，采用有功-频率（P-f）和无功-电压（Q-V）控制方式；反之采用有功-电压（P-V）和无功-频率控制（Q-f）反调差控制，如表6-2-2所示。根据线路的阻抗特性，选择正确的下垂控制方式才能实现有功和无功的解耦控制。微电网反调差控制如图6-2-4所示。

表6-2-2

输出阻抗	有功功率	无功功率	频率下垂	幅值下垂
$Z=jX(\theta=90°)$	$P \approx \frac{U_1 U_2}{X}\delta$	$Q \approx \frac{U_2}{X}\Delta U$	$f=f_0-mP$	$V=V_0-nQ$
$Z=R(\theta=0°)$	$P \approx \frac{U_2}{R}\Delta U$	$Q \approx -\frac{U_1 U_2}{R}\delta$	$f=f_0+mQ$	$V=V_0-nP$

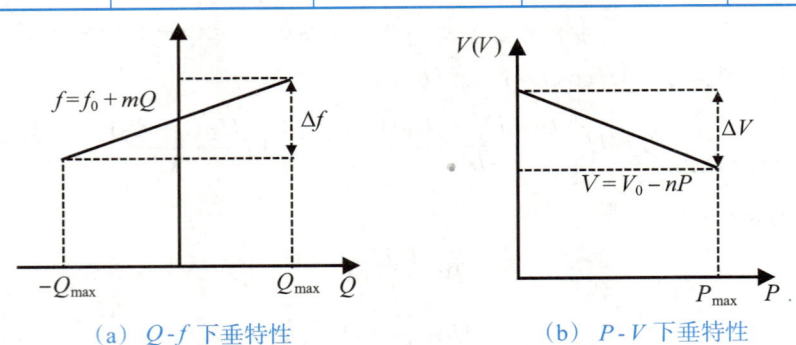

（a）Q-f 下垂特性　　　（b）P-V 下垂特性

图6-2-4　微电网反调差控制

依据微电网独立运行模式下，各分布式电源所发挥的作用不同，微电网控制模式可以分为主从控制模式、对等控制模式和分层控制模式，其中分层控制本质上也属于主从控制策略。主从控制是将分布式电源赋予不同的职能，并有一个主单元来协调控制其他分布式电源；对等控制是基于外特性下降法的控制策略，各个分布式电源之间采用相同的控制方法，且它们之间是平等关系。其他的各种控制策略都可归为这两类，或者是基于这两类控制策略的改进和融合。

▶ **引导问题2：** 对微电网主从控制、对等控制、分层控制的基本认识。

1. 主从控制策略在微电网中是如何实现的？请描述其基本工作原理。
_____
_____

2. 对等控制策略有哪些特点？它适用于哪种类型的微电网？
_____
_____

3. 分层控制策略在微电网中是如何分层的？每一层可能承担哪些功能？
_____
_____

4. 在微电网的设计和运行中，如何根据系统需求选择合适的控制策略？
_____
_____

（三）主从控制法

主从控制法就是对各个分布式电源取不同的控制方法，并赋予不同的职能。以其中一个分布式发电或储能装置作为主电源来检测电网中的各种电气量，根据电网的运行情况采取定电压和定频率控制（简称 V/f 控制），并通过控制其他分布式电源或储能装置的输出来达到整个微电网的功率平衡，其他分布式电源则可采用定功率控制（简称 "PQ 控制"）以调节各分布式发电设备的输出，从而实现微电网内部的功率平衡与稳定。微电网主从控制法示意图如图 6-2-5 所示。

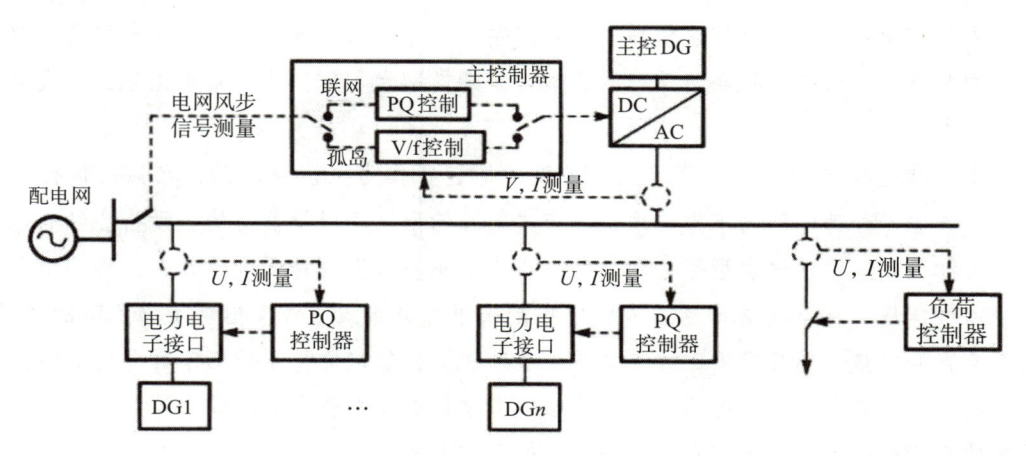

图 6-2-5　微电网主从控制法示意图

在微电网处于孤岛运行模式时，作为从控制单元的分布式电源一般为PQ控制，负荷的变化主要由作为主控制单元的分布式电源来跟随，因此要求其功率输出应能够在一定范围内可控，且能够足够快地跟随负荷的波动变化。在采用主从控制的微电网中，当微电网处于并网运行状态时，所有的分布式电源一般都采用PQ控制，而一旦转入孤岛模式，则需要作为主控制单元的分布式电源快速地由PQ控制模式转换为V/f控制模式，这就要求主控制器能够满足在两种控制模式间快速切换的要求。常见的主从控制的一般过程如下。

（1）当检测单元检测到孤岛，或微电网主动从配电网断开进入孤岛运行模式时，微电网控制切换到主从模式，通过调整各个分布式电源的出力来达到功率平衡。

（2）当微电网负载变化时，首先由主电源自动根据负荷变化调节输出电流，增大或减小输出功率；同时检测并计算功率的变化量，根据现有发电单元的可用容量来调节某些从属电源的设定值，增大或减小它们的输出功率；当其他电源输出功率增大时，主电源的输出相应地自动减小，从而保证主电源始终有足够的容量来调节瞬时功率变化。

（3）当电网中无可调用的有功或无功容量时，只能依靠主单元来调节。当负荷增加时，根据负荷的电压依赖特性，可以考虑适当减小电压值；如果仍然不能实现功率平衡，可以采取切负荷的措施来维持微电网运行。

主从控制策略也存在一些缺点。首先，主电源采用V-f控制法，其输出的电压是恒定的，要增加输出功率，只能增大输出电流；而且负荷的瞬时波动通常首先是由主电源来进行平衡的，因而要求主电源有一定的容量。其次，由于整个系统是通过主电源来协调控制其他电源的，一旦主电源出现故障，整个微电网或将难以继续运行稳定。此外，由于主从控制法对通信的要求较高，信号传输的可靠性对系统的响应速率与稳定性都有很大的影响，且通信设备会使系统的成本和复杂性增大。常见的控制单元分配方式包括以下几种。

（1）储能装置作为主控制单元。若以储能装置作为主控制单元，在孤岛运行模式时，因失去了外部电网的支撑作用，分布式电源输出功率以及负荷的波动将会影响系统的电压和频率。由于该类型微电网中的分布式电源多采用不可调度单元，为维持微电网的频率和电压，储能装置需通过充放电控制来跟踪分布式电源输出功率和负荷的波动。储能装置的能量存储量有限，如果系统中负荷较大，储能支撑系统频率和电压的时间则不可能很长，放电到一定时间后就可能造成微电网系统电压和频率的崩溃。反之，如果系统的负荷较轻，储能系统也不可能长期处于充电状态。

（2）分布式电源为主控制单元。当微电网中存在像微型燃气轮机这样的输出稳定且易于控制的分布式电源时，由于这类分布式电源的输出功率可以在一定范围内灵活调节，输出稳定且易于控制，将其作为主控单元可以维持微电网在较长时间内的稳定运行。如果微电网中存在多个这类分布式电源，可选择容量较大的分布式电源作为主控制单元，这样的选择有助于微电网在孤岛运行模式下长期稳定运行。但在现有的工程实践中，微型燃气轮机的响应速率与爬坡功率较为有限，规模较大的微电网不适合将其作为主控单元。

（3）分布式电源加储能装置为主控制单元。对于光伏、风电这样的分布式电源，由于其出力的间歇性与波动性，一般不适于作为主控制电源，但可以将储能系统与它们组合起来作为主控制单元，充分利用储能系统的快速充放电功能和这类电源的特点，在充分利用可再生能源的基础上实现较长时间的维持微电网独立运行。采用这种模式具有一定的优势，能充分利用储能系统的快速充放电功能，在微电网转为孤岛运行时可以快速为系统提供功率支撑，有效地抑制由于分布式可再生能源动态响应能力不足引起的电压和频率的大幅波动。同单独采用储能系统作为主控制单元的情况相比，该模式可以有效降低储能系统的容量，提高系统运行的经济性。

（四）对等控制模式

所谓对等控制模式，是指微电网中所有的分布式电源在控制上都具有同等的地位，各控制器间不存在主和从的关系，每个分布式电源都根据接入系统点电压和频率的就地信息进行控制。微电网对等控制法示意图如图6-2-6所示。在对等控制模式中分布式电源的控制策略选择十分关键，一种目前备受关注的方法就是下垂（Droop）控制。在传统电力系统分析理论中可知，发电机输出的有功功率和系统频率存在强关联性、无功功率和端电压间存在强关联性：系统频率降低，发电机的有功功率输出将加大；端电压降低，发电机输出的无功功率将加大。Droop控制方法也是参照这样的对应关系对分布式电源进行控制。

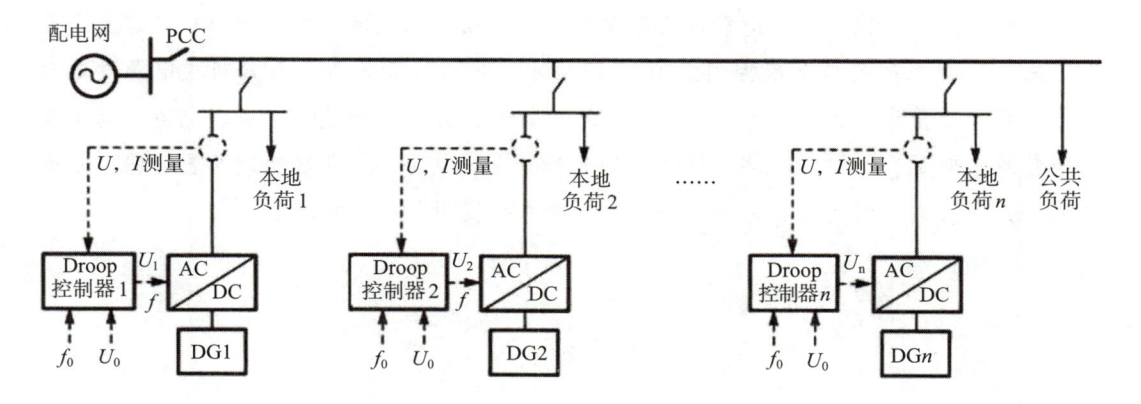

图6-2-6 微电网对等控制法示意图

在对等控制模式下，微电网孤岛运行时每个采用 Droop 控制策略的分布式电源都参与微电网电压和频率的调节。在负荷变化的情况下，自动依据权重系数分担负荷的变化量，亦即各分布式电源通过调整各自输出电压的频率和幅值，使微电网达到一个新的稳态工作点，最终实现输出功率的合理分配。显然，采用 Droop 控制可以实现负载功率变化在分布式电源间的自动分配，但负载变化前后系统的稳态电压和频率也会有所变化，从系统电压和频率来，Droop 控制实际上属于有差控制。

与主从控制模式相比，在对等控制中的各分布式电源可以自动参与输出功率的分配，易于实现分布式电源的即插即用，便于各种分布式电源的接入，由于省去了通信系统，理论上可以降低系统的硬件投资成本。同时，由于无论在并网运行模式还是在孤岛运行模式，微电网中分布式电源的 Droop 控制策略可以不做变化，系统运行模式易于实现无缝切换。在一个采用对等控制的实际微电网中，一些分布式电源同样可以采用 PQ 控制，在此情况下，采用 Droop 控制的多个分布式电源共同担负起了主从控制器中主控制单元的控制任务；通过 Droop 权重系数的合理设置，可以实现外界功率变化在各分布式电源之间的合理分配，从而满足负荷变化的需要，维持孤岛运行模式下对电压和频率的支撑作用等。但是由于多个分布式电源需协同进行 Droop 控制，其控制权重的分配与响应速度是一个难题，在工程实践中其实际应用较少。如在美国 Wisconsin 微电网、新加坡南洋理工微电网、比利时 Katholieke 微电网以及西班牙 Catalunya 大学微电网等都曾做过 Droop 控制。但各实验室均对设备参数提出了比较严格的要求，模型的实用性与泛化能力目前仍有待改进；如何提高对等控制微电网系统的稳定性水平，建立通用性和鲁棒性强的对等控制微电网系统，是微电网研究者正在致力解决的问题。

（五）分层控制模式

所谓分层控制模式，一般都设有中央控制器，用于向微电网中的分布式电源发出控制信息，微电网的典型双层控制如图 6-2-7 所示。中心控制器首先对分布式电源发电功率和负荷需求量进行预测，然后制定相应运行计划，并根据采集的电压、电流、功率等状态信息，对运行计划进行实时调整，控制各分布式电源、负荷和储能装置的输出功率和起停，保证微电网电压和频率的稳定，并为系统提供相关保护功能。

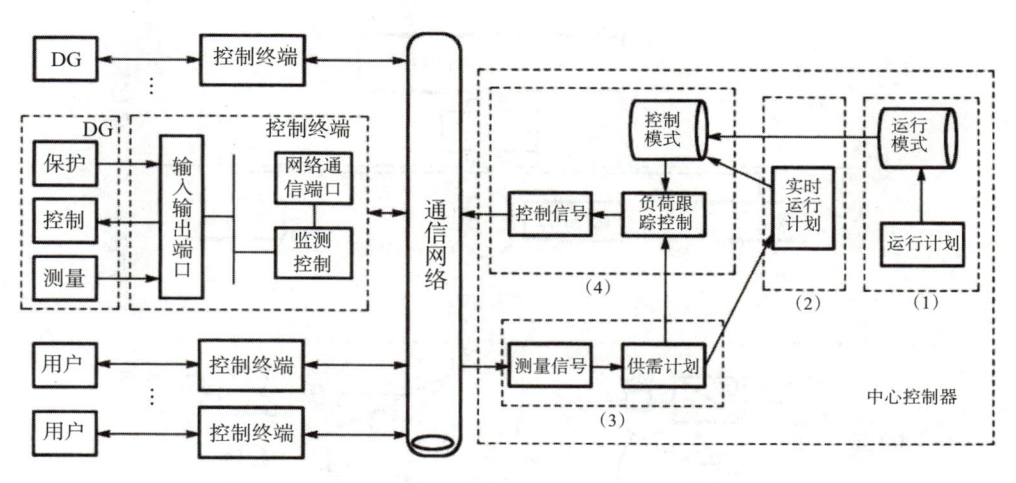

图 6-2-7　微电网典型双层控制

微电网分层控制通信示意图如图 6-2-8 所示。在分层控制方案中，各分布式电源和上层控制器间需有通信线路。分层控制时，微电网供需平衡依靠底层分布式电源控制器来实现，上层中心控制器根据分布式电源输出功率和微电网内的负荷需求变化调节底层分布式电源，一旦通信失败，微电网将难以继续正常的负荷管理。

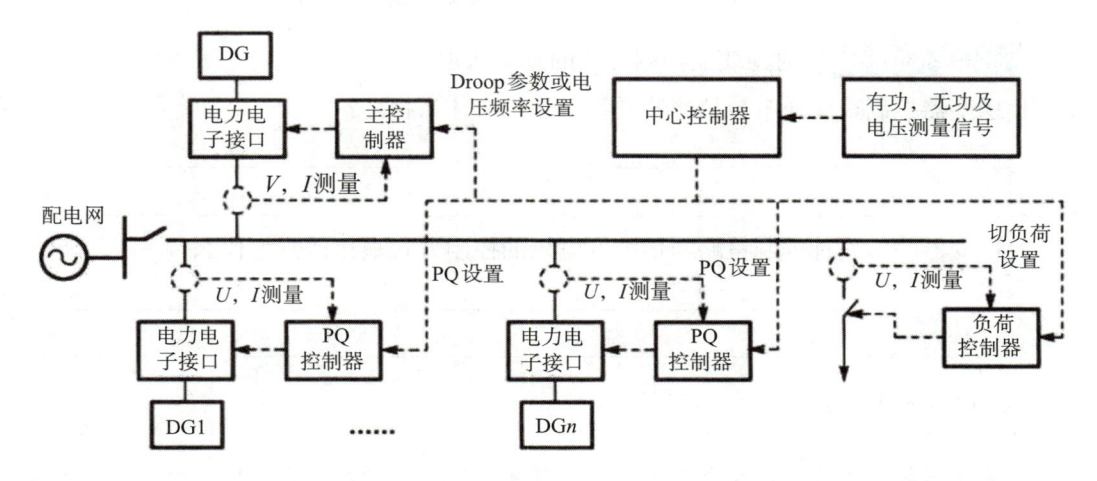

图 6-2-8　微电网分层控制通信示意图

微电网也可以采用三层控制结构，如图 6-2-9 所示。最上层的配电网络操作管理系统主要负责根据市场和调度需求来管理和调度系统中的多个微电网；中间层的微电网中心控制器负责进行优化控制以实现微电网经济效益最优化的实现；其下层控制器主要包括分布式电源控制器和负荷控制器，负责微电网的暂态功率平衡和负荷管理。整个分层控制可采用多代理技术实现。

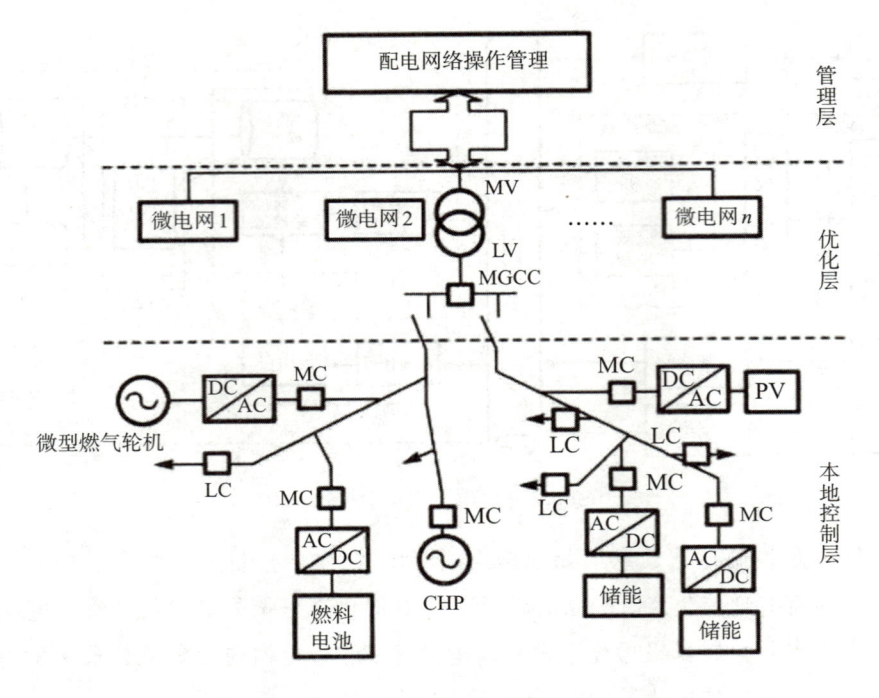

图 6-2-9 微电网典型三层控制结构

▶ **引导问题 3：** 对逆变器控制方法的基本认识。

1. 逆变器控制策略通常包括哪些类型？分别有什么特性？
_____
_____

2. 逆变器的哪一种控制策略与传统发电机的控制方式最相似？为什么？
_____
_____

（六）逆变器 P/Q 控制

不同于传统电力系统，由于微电网中大量的分布式电源的输出电压、电流的频率由逆变器接口的控制策略决定，为有效实现上述各种控制模式，有效的逆变器控制策略对于微电网的正常运行至关重要。

逆变器作为分布式电源与电网之间的接口，其最基本的功能就是控制输出的有功功率和无功功率。P/Q 控制是指逆变器能够实现有功功率和无功功率调控，逆变器参考功率的确定则是其功率控制的前提。对于功率控制，中小型容量的分布式电源可采用恒定功率方式进行并网，其电压和频率由电网提供刚性支撑，分布式电源不考虑频率调节和电压调节，仅发出或吸收功率。这样可以有效避免分布式电源直接参与电网馈线的电压调节，从而避免对电力系统造成负面影响。P/Q 控制采用电网电压定向的 P/Q 解耦控制策略，外环采用功率控制，内环采用电流控制。其数学模型是，首先通过 Park 变换将三相电压变换到 dq 旋转坐标系，可得到逆变器电压方程如式（6-2-8）所示。

$$\left.\begin{aligned} v_d &= Ri_d + L\frac{di_d}{dt} - \omega L i_q + u_d \\ v_q &= Ri_q + L\frac{di_q}{dt} + \omega L i_d + u_q \end{aligned}\right\} \tag{6-2-8}$$

式中：u_d、u_q 为逆变器出口电压；wLi_d、wLi_q，为 dq 交叉耦合项。在后续控制中将利用前馈补偿将其消除。

外环功率控制通常采用 PI 控制器。其数学模型如式（6-2-9）所示。

$$\left.\begin{aligned} i_{dref} &= (P_{ref} - P)\left(k_p + \frac{k_i}{s}\right) \\ i_{qref} &= (Q_{ref} - Q)\left(k_p + \frac{k_i}{s}\right) \end{aligned}\right\} \tag{6-2-9}$$

式中：P_{ref}、Q_{ref} 为有功和无功功率参考值；i_{dref}、i_{qref} 为 d 轴和 q 轴的参考电流。

如果电网电压 u 保持恒定，则逆变器输出有功功率和 d 轴电流 i_d 成正比，无功功率和 q 轴电流 i_q 成正比。

v_{d1}、v_{q1} 和逆变器输出 dq 轴电流之间的传递函数为一阶惯性环节，即通过 dq 轴电流可以控制 dq 轴电压。根据这个关系可以设计电流内环控制器，通常采用 PI 控制，内环采用电流控制，其数学模型为式（6-2-10）。

$$\left.\begin{aligned} v_{d1} &= (i_{dref} - i_d)\left(k_p + \frac{k_i}{s}\right) \\ v_{q1} &= (i_{qref} - i_q)\left(k_p + \frac{k_i}{s}\right) \end{aligned}\right\} \tag{6-2-10}$$

在此基础上加入补偿项就可以消除电网电压和 dq 轴交叉耦合的影响，实现电流的解耦控制，得到的 dq 轴电压通过 Park 反变换得到逆变器控制波，再经过正弦脉宽调制即可得逆变器输出的三相电压。P/Q 控制原理如图 6-2-10 所示。

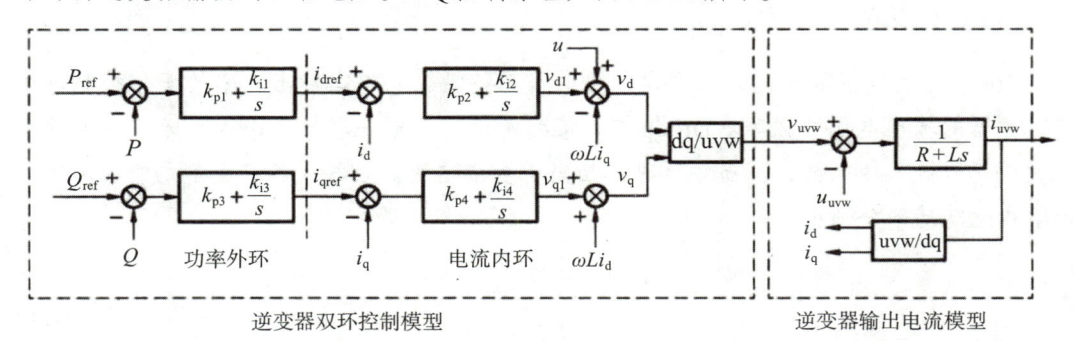

图 6-2-10　P/Q 控制原理

（七）逆变器 U/f 控制

U/f 控制是指逆变器输出稳定的电压和频率，确保孤岛运行中其他从属分布式电源和敏感负荷继续工作。由于孤岛容量有限，一旦出现功率缺额，需切除次要负荷以确保敏感负荷的工作，因此 U/f 控制要能够响应跟踪负荷投切。

U/f 控制策略是利用逆变器反馈电压以调节交流侧电压来保证输出电压的稳定，常采用电压外环、电流内环的双环控制方案。电压外环能够保证输出电压的稳定，电流内环构成电流随动系统能大大加快抵御扰动的动态过程。电压/电流双环控制充分利用了系统的状态信息，不仅动态性能好，稳态精度也高。同时，电流内环增大了逆变器控制系统的带宽，使得逆变器动态响应加快，对非线性负载扰动的适应能力加强，输出电压的谐波含量减小。

U/f 的解耦方式和控制与 P/Q 的相似。U/f 控制原理如图 6-2-11 所示。采用电压外环、电流内环的双环控制方法，给定参考电压 U_{1dd}^*、U_{1dq}^*，实测电压 U_{1dd}、U_{1dq}。

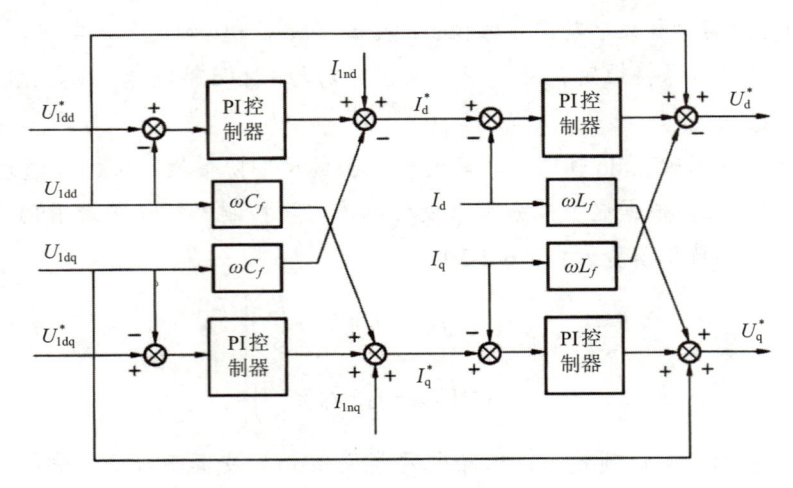

图 6-2-11　U/f 控制原理

（八）逆变器 Droop 控制

Droop 控制是模拟传统电网中发电机的下垂特性，它根据输出功率的变化控制电压源逆变器的输出电压和频率。Droop 控制策略源于逆变器并联技术，因为分布式电源均通过逆变器接入微电网，孤岛运行时，相当于多个逆变器并联，各逆变单元的输出有功功率和无功功率分别为

$$\left.\begin{aligned} P_n &= \frac{UU_n}{X_n}\delta_n \\ Q_n &= \frac{UU_n - U^2}{X_n} \end{aligned}\right\} \quad (6\text{-}2\text{-}11)$$

式中：U 为并网系统电压；U_n 为逆变电源输出电压；X_n 为逆变器电源输出电抗；δ_n 为 U_n 与 U 之间的夹角。

由式（6-2-11）可知，有功功率的传输主要取决于功角 δ_n，无功功率的传输主要取决于逆变单元输出电压的幅值 U_n。逆变电源输出电压的幅值可以直接控制，通过调节逆变单元输出角频率或频率来控制相位，即

$$f_n = \frac{\omega_n}{2\pi} = \frac{\mathrm{d}\delta_n}{\mathrm{d}t} \tag{6-2-12}$$

由式（6-2-11）和式（6-2-12）可以得出，通过调节逆变器无功输出，调节其输出电压；通过调节逆变器有功输出，调节其输出频率，从而得到图 6-2-12 所示的下垂控制特性。

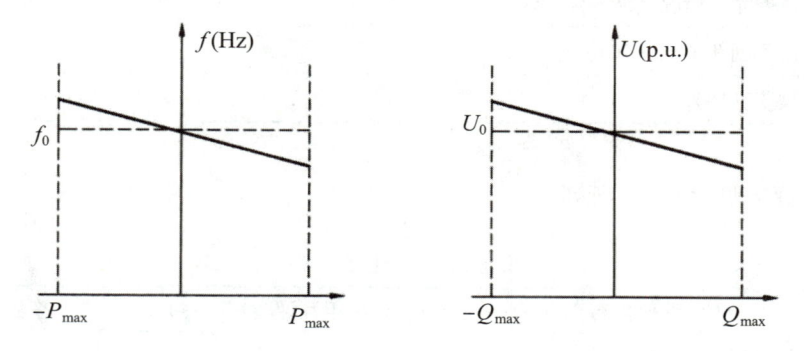

图 6-2-12　下垂控制特性

倒下垂控制是根据测量电网电压的幅值和频率分别控制输出有功功率和无功功率，使其跟踪预定的下垂特性。这种控制与根据测量输出功率调节输出电压控制的方式完全相反，这种控制称为倒下垂控制策略，即通过调节逆变器输出电压幅值调节其无功输出，通过调节逆变器输出频率调节其有功输出。为了完成微电网的基本运行，逆变器的控制可以采用 P/Q 控制、下垂控制或倒下垂控制，仅依靠测量本地信息来实现分布式电源输出功率的控制。

五、准备决策

任务分配：将学习小组分配为不同的研究团队，每个团队专注于微电网控制方式的一个方面，如主从控制、对等控制或分层控制策略。

问题讨论：小组内讨论引导问题，探讨不同控制策略的实现方法及其适用场景。

六、工作实施流程

组织小组研讨，每组针对分配的控制策略进行深入分析，提出见解，并准备展示材料以共享发现和结论。

七、评价反馈

1. 学生自评

学生自评表见表6-2-3所列。

表6-2-3　学生自评表

序号	任务	完成情况记录
1	是否按计划时间完成（15）	
2	相关理论完成情况（15）	
3	任务完成情况（50）	
4	任务创新情况（10）	
5	收获（10）	

2. 学生互评

学生互评表见表6-2-4所列。

表6-2-4　学生互评表

序号	评价内容	小组互评	签名
1	是否按计划时间完成（15）		
2	完成上交情况（20）		
3	完成质量（25）		
4	语言表达能力（15）		
5	小组合作面貌（15）		
6	创新点（10）		

3. 综合评价要点

（1）学生自评：学生根据对控制策略理解的深度和广度进行自我评价（30%）；

（2）学生互评：小组成员相互评价，重点评价分析的清晰度、逻辑性和创新性（40%）；

（3）综合评价要点：教师根据自评和互评，结合学生对控制策略的综合运用能力进行评价（30%）。

八、拓展思考

在掌握了微电网控制方式的基础上，思考如何将这些控制策略应用于实际的微电网系统设计中，以及它们如何影响微电网的稳定性和效率，为下一任务"微电网系统设计和案例分析"做好准备。